W. Brune

Energie
als Indikator und Promotor wirtschaftlicher Evolution

Schriftenreihe des Instituts für Energetik und Umwelt, Leipzig

Herausgegeben von Dr. Wolfgang Brune, Leipzig

Ich freue mich, mit dem vorliegenden Titel einen weiteren Band der Schriftenreihe des Instituts für Energetik und Umwelt im Teubner-Verlag veröffentlichen zu können.
Dieser Band beleuchtet aktuelle Probleme der Energiewirtschaft, darunter auch ihr Verhältnis zur Umwelt, unter dem Gesichtspunkt der historischen Entwicklung. Dabei wird zugleich ein interessanter Blick in die energetische Zukunft getan.

Es ist nicht Anliegen dieser Schriftenreihe, inhaltlich abgeschlossene, lehrbuchreife Texte zu veröffentlichen und dabei in die Versuchung zu geraten, letztgültige Wahrheiten verkünden zu wollen. Insofern versteht sich der vorliegende Band als Diskussionsmaterial. Er soll helfen, wieder etwas mehr Bewegung in ein manchmal schon formelhaft erstarrtes Gespräch über Energie und Umwelt zu bringen und einen bescheidenen Beitrag zu mehr Sachlichkeit zu leisten.

Dabei ist sich der Verfasser natürlich bewußt, daß er sich im öffentlichen Dialog zugleich der Kritik aussetzt. Der Leser wird sehr schnell feststellen, wo das Buch im Unterschied oder gar im Widerspruch zu gängigen Meinungen steht. Und er wird merken, daß sich nach Ansicht des Autors manche grundsätzlichen Aussagen zur Energiewirtschaft nur treffen lassen, wenn sie in allgemeine wirtschaftshistorische Zusammenhänge eingebettet werden.

Der Verfasser verweist darauf – angesichts solcher weitreichenden Schlußfolgerungen und Zusammenhänge –, daß das vorgelegte Diskussionsmaterial selbstverständlich ausschließlich seine eigene Meinung wiedergibt und daß die aus historischer Sicht vertretenen persönlichen Auffassungen naturgemäß keine offiziellen Auffassungen des Instituts oder der mit ihm verbundenen Organisationen und Unternehmen sein können.

Energie als Indikator und Promotor wirtschaftlicher Evolution

Von Dr. Wolfgang Brune

Mit neun Grafiken von Eberhard Brune

B. G. Teubner Stuttgart · Leipzig 1998

Dr. Wolfgang Brune

Institut für Energetik und Umwelt
gemeinnützige GmbH
Leipzig

Der Verfasser dankt Herrn Eberhard Brune, Wiek (Rügen), für die anregenden Grafiken zu diesem Band (vgl. auch das Verzeichnis auf Seite 160) sowie Herrn Dr. Dietmar Ufer und Herrn Dr. Dieter Merten, beide Leipzig, für wichtige inhaltliche Hinweise und für die Durchsicht des Manuskripts.
Der Verfasser dankt weiterhin Frau Ursula Neiendorf und Frau Sigrid Herzog für Umsicht und Geduld bei der schreibtechnischen Gestaltung des Manuskripts.

Gedruckt auf chlorfrei gebleichtem Papier.

Die Deutsche Bibliothek – CIP-Einheitsaufnahme

Brune, Wolfgang:
Energie als Indikator und Promotor wirtschaftlicher Evolution /
von Wolfgang Brune. Mit Grafiken von Eberhard Brune. -
Stuttgart ; Leipzig : Teubner, 1998
(Schriftenreihe des Instituts für Energetik und Umwelt)
ISBN 978-3-8154-3543-4 ISBN 978-3-322-93482-6 (eBook)
DOI 10.1007/978-3-322-93482-6

Bindung: Buchbinderei Bettina Mönch, Leipzig

Inhalt

1 Problemlage

Bezüglich der Energie ist manches in Bewegung geraten. Kaum ein anderes Thema wird so beharrlich und so häufig in den Medien und anderweitig in der Öffentlichkeit ausgebreitet wie eben das Thema Energie.

Natürlich geht es auch alle an. Irgendwie sind wir alle von Energie betroffen, als selbstverständlicher *Nutzer* an jedem Tag oder auch indem wir mit heutiger Energienutzung verbundene *Lasten*, tatsächliche und vermeintliche, spüren. Da jeder täglich mit Energie umgeht, glaubt auch jeder, etwas zu diesem Thema aussagen zu können. Bliebe es dabei, wäre das durchaus normal: als Betroffener habe ich das elementare demokratische Recht, mich zu äußern. Leider ist aber längst die Sachlichkeit in Sachen Energie auf der Strecke geblieben. Die urwüchsige Naivität, die in der Regel von gesundem Menschenverstand geprägt ist, auch. Energie ist heute ein Politikum. Damit werden plötzlich persönliche Profilierungssüchte, Wahlkreisgrenzen und Mandatsdauern für ein Problem wichtig, das nichts weniger als dieses kleinkarierte Tagesgeschäft gebrauchen kann. Energie ist eine so grundsätzliche und so langzeitige, letztlich auch weltumspannende Problematik, wenn man die Wechselwirkung mit Wirtschaft und Umwelt einbezieht, daß ihr wirklich nur mit tiefer und weiter Sicht und mit einer sachlich gebotenen Distanz begegnet werden kann.

So aber treten in der öffentlichen Auseinandersetzung häufig Glaubenssätze an die Stelle wissenschaftlich gesicherter Tatsachen. Dabei findet der Dialog schon sein Ende, bevor er eigentlich begonnen wurde. Es kann nur als Erschlaffung des demokratischen Willens bezeichnet werden, wenn die ureigenste demokratische Fähigkeit, über den Dialog und die sachliche Auseinandersetzung zu einer konstruktiven Synthese zu finden, nicht mehr wirksam wird.

Solche Erscheinungen treten beispielsweise seit langem beim Thema *Kernenergie* auf. In Deutschland und in einigen anderen Ländern, glücklicherweise aber nicht in weiten Teilen der Welt, kann man heutzutage keinen vernünftigen Dialog mehr dazu führen. Was bleibt, ist bei vielen eine dumpfe Angst, weil sie selbst nicht entscheiden können oder wollen, was denn nun richtig und vernünftig ist und was nur vordergründige Politreklame ist.

Ähnlich gelagert ist die Frage der *Ressourcenverknappung*, aus der Gefahren für eine nachhaltige Entwicklung abgeleitet werden. Oder die gesamte aktuelle Umweltproblematik, von der Luftverschmutzung in Großstädten bis zur weltweiten *Klimakatastrophe*. Nicht, daß das keine aktuellen Probleme wären, das sind sie ganz selbstverständlich, nein, schlimm wird es nur dann, wenn der Wille zum sachlichen Gespräch und der Wille zum machbaren Verändern abhanden kommen. Dies verlangt nämlich Dialog, Konsensfähigkeit, und nicht Sprachlosigkeit.

Als Ergebnis geistiger Stagnation muß konstatiert werden, daß heute Energie von vielen Menschen als etwas Nachteiliges, als etwas Schädliches, als ein bestenfalls geduldetes Übel empfunden wird. Die einzig logische Schlußfolgerung daraus: Einsparung von Energie soviel, wie nur irgend möglich ist. Man möchte hinzufügen: ohne Berücksichtigung der Kosten. Was dagegen steht, es mit Konsequenz zu praktizieren, ist die eigene Bequemlichkeit und die Trägheit im privaten Bereich. Aber ein schlechtes Gewissen bleibt, wenn man Energie verbraucht. Man tut es dann möglichst heimlich, in den eigenen vier Wänden, eben im Privaten, wo man sich nicht rechtfertigen muß.

Von Weizsäcker, Lovins und Lovins /37/ postulieren eine absolute Verringerung des Ressourcenverbrauchs, darunter auch ausdrücklich und vorrangig der Energieressourcen. Gleichzeitig soll sich der Wohlstand absolut vergrößern, das heißt ein spürbares, anhaltendes Wirtschaftswachstum erzielt werden. Dieses Postulat wird von ihnen in die Formel „Faktor vier" gekleidet: doppelter Wohlstand bei halbiertem Naturverbrauch. Um das zu erreichen, propagieren die Autoren eine *Effizienz-Revolution*, die unverzüglich eingeleitet werden müsse. Grawe /11/ hat dieses Vorgehen als „ahistorisch" charakterisiert. Es wird ein wesentliches Anliegen der vorliegenden Arbeit sein, genau diese „historische" Dimension in die aktuelle Energiediskussion einzubringen. Aufhellung geschichtlicher Prozesse als Beitrag zum besseren Verständnis und zur Lösung aktueller Probleme, das ist das gestellte Ziel.

Darüber hinaus ist es meines Erachtens erforderlich, auch genau zu klären, welche *Art von Energie* denn überhaupt gemeint ist: Primärenergie oder Endenergie. Primärenergie hat sicher zu einem erheblichen Teil auch etwas mit *Ressourcen* zu tun, Endenergie schon deutlich weniger. Und eigentlich wird weder das eine noch das andere gebraucht, sondern Nutzenergie. Und die kann vielfältig bereitgestellt und rationell angewendet werden. In diesem Zusammenhang gewinnt auch der Begriff der *Energiedienstleistungen* Gewicht, ein Gesichtspunkt, dem sich Energieversorger in letzter Zeit immer mehr verpflichtet fühlen.

Zu den bewegenden Elementen der gegenwärtigen Energieszene gehören auch die nachdrücklichen Bemühungen um mehr Wettbewerb in der Energieversorgung. Die zunehmende *Liberalisierung der Energieversorgung*, die bei den leitungsgebundenen Energieträgern zu Umwälzungen führen wird, ist unübersehbar.

Schließlich sei unter den aktuellen Themen auch die Einführung einer *ökologisch begründeten Steuerreform* genannt, die sich - in welcher konkreten Form auch immer - zum Ziel gesetzt hat, Energie zu verteuern und lebendige Arbeit zu verbilligen. Dabei läuft man Gefahr, weder die erwartete ökologische noch die ökonomische Dividende einzufahren /13/.

Mit Fakten, Analysen und beweisbaren Thesen aus der Geschichte der Energiewirtschaft soll das Verständnis für die gegenwärtig bestehenden essentiellen Probleme der Energiewirtschaft vertieft werden, und es wird ein begründeter Blick in künftige Entwicklungsstadien getan, der auch einige Überraschungen bereithält. Es gehört zu meiner Grundüberzeugung, die natürlich auch nachgewiesen wird, daß die Entwicklung der Energiewirtschaft nach Quantität und Qualität keineswegs gleichmäßig verläuft, sondern ausgeprägte

Perioden enthält und dabei auch Verzögerungs-, Stagnations- und Beschleunigungsphasen kennt.
Auf jeden Fall werde ich - überzeugend, so hoffe ich - darlegen, daß das Konzept einer absoluten Verringerung des (Nutz-)Energieverbrauchs bei gleichzeitigem Wirtschaftswachstum, auch aus historischer Sicht, wahrscheinlich falsch, zumindest aber unrealistisch ist. Wenn nicht alle Anzeichen trügen, dann wird die weitere Entwicklung der Wirtschaft in der Welt sehr wohl mit einem weiteren Anstieg des Energieverbrauchs verbunden sein. Energie als Produktionsfaktor ist ein mächtiges Werkzeug zur Lösung wirtschaftlicher Probleme und kann nur sehr begrenzt durch einen anderen Produktionsfaktor ersetzt werden (es sei denn, der Mensch würde zum Kuli degradiert und nur seiner Muskelkraft wegen beschäftigt). Aber eben eine Entwicklung der Wirtschaft durchaus nicht zu Lasten der Umwelt! Energie, geschickt und intelligent eingesetzt, kann im Gegenteil zur *Entlastung* der Umwelt beitragen, zur Erhöhung der Lebensqualität, zur Verbesserung der Existenzgrundlagen einer wachsenden Menschheit.
Das ist *meine* Botschaft in Sachen Energie.

2 Energieverbrauch und Wirtschaftskraft

Es gehörte lange Zeit zu den Selbstverständlichkeiten des Wirtschaftsprozesses, daß Wachstum der Wirtschaft und Wachstum des Energieverbrauchs annähernd linear korrelierten. Wirtschaftswachstum war nur zu haben, wenn man mehr Energie einsetzte. Auf energetischer Seite bezog sich diese Überzeugung zunächst einmal auf die Primärenergie, die ja so etwas wie den energetischen Reichtum einer Volkswirtschaft symbolisierte. Beispielsweise schreibt das Deutsche Atomforum: „Primärenergieverbrauch und Brutto-Inlandsprodukt haben sich in der alten Bundesrepublik bis in die 70er Jahre gleichförmig entwickelt, d.h. mit 1 % Wirtschaftswachstum war etwa 1 % Zuwachs beim Primärenergieverbrauch verbunden" /6/. Die Korrelation zwischen Wirtschaftswachstum und Energieverbrauch bezog sich dann aber auch auf den elektrischen Strom, der auf Grund seiner Nutzungsvielfalt so etwas wie die Krönung der Energiewirtschaft darstellte. Eng damit verbunden war die Aussage von der Verdoppelung des Strombrauchs alle zehn Jahre. Seit einigen Jahren ist das in den entwickelten Industrieländern ganz anders: der Energieverbrauch wächst langsamer als die Wirtschaft oder stagniert sogar. „Strom und Konjunktur entkoppelt", so äußern sich beispielsweise die Vereinigung Deutscher Elektrizitätswerke /33/ und das Deutsche Atomforum /6/. Diese augenscheinliche „Entkoppelung" von Wirtschaftswachstum und Energieverbrauch ist nunmehr Anlaß, sie ebenfalls unkritisch als wissenschaftlichen Tatbestand auszugeben so wie früher die Kopplung. Sie sei charakteristisch für reife Industriegesellschaften. Daraus wird dann sogar die Schlußfolgerung abgeleitet, Wirtschaftswachstum sei auf Dauer mit sinkendem Energieverbrauch zu haben, s. dazu /37/.

Eine solche Schlußfolgerung übersieht - mit Verlaub gesagt - die Rolle, die die Energie objektiv im Wirtschaftsprozeß spielt. Und sie läßt auf „ahistorisches" Herangehen an das Problem schließen.

Zum Verhältnis Wirtschaftswachstum und Energieverbrauch einige Zahlenangaben aus Deutschland (alte Bundesländer).

Tabelle 2.1 gibt die relativ kontinuierlich sinkenden durchschnittlichen jährlichen Wachstumsraten des Stromverbrauchs wieder. Eine gewisse Sättigungstendenz wird sichtbar. Das erste Jahrzehnt weist noch die bekannte Verdoppelung aller 10 Jahre aus. Das zweite Jahrzehnt hat absolut etwa noch einmal den gleichen Verbrauchszuwachs. Die durchschnittliche jährliche Wachstumsrate halbiert sich. Im dritten Jahrzehnt sinkt der absolute Verbrauchszuwachs; damit sinkt natürlich auch die Wachstumsrate weiter ab.

Die Wirtschaftsentwicklung, ausgedrückt im Bruttoinlandsprodukt, ist in Tabelle 2.2 enthalten. Absolut wächst das Bruttoinlandsprodukt in jeweils 10 Jahren ziemlich genau um 500 Mrd. DM. Relativ bedeutet das eine abnehmende durchschnittliche jährliche Wachstumsrate.

Tabelle 2.1: Bruttostromverbrauch und dessen durchschnittliche jährliche Wachstumsraten (Deutschland, alte Bundesländer)

Quelle: Die öffentliche Elektrizitätsversorgung 1996, VDEW. Frankfurt a.M.: Verlags- und Wirtschaftsgesellschaft der Elektrizitätswerke mbH 1996.

Jahr	Jahrzehnt	Bruttostromverbrauch [Mrd. kWh]	Ø Wachstumsrate [%/a]
1960		123,2	
	1960 - 1970		7,4
1970		250,4	
	1970 - 1980		4,1
1980		374,5	
	1980 - 1990		1,8
1990		448,5	

Aus dem Vergleich der Tabellen 2.1 und 2.2 ergibt sich, daß in den früheren Jahrzehnten der Bundesrepublik die durchschnittlichen jährlichen Wachstumsraten des Bruttostromverbrauchs deutlich über denen des Bruttoinlandsprodukts lagen. In den letzten Jahren, etwa seit Mitte der 80er Jahre, ist das nicht mehr der Fall. Betrachtet man zusätzlich noch die Jahre 1990 bis 1995, so steht dem durchschnittlichen jährlichen Wachstum des Bruttoinlandsprodukts von 1,8 %/a ein Wachstum des Bruttostromverbrauchs von 0,7 %/a gegenüber (ebenfalls alte Bundesländer).

Tabelle 2.2: Bruttoinlandsprodukt und dessen durchschnittliche jährliche Wachstumsraten (Deutschland, alte Bundesländer)

Quelle: Statistisches Jahrbuch 1996 für die Bundesrepublik Deutschland. Stuttgart: Metzler-Poeschel Verlag 1996.

Jahr	Jahrzehnt	Bruttoinlandsprodukt [Mrd. DM, Preisbasis 1991]	Ø Wachstumsrate [%/a]
1960		1000,0	
	1960 - 1970		4,4
1970		1543,2	
	1970 - 1980		2,7
1980		2018,0	
	1980 - 1990		2,2
1990		2520,4	

Unterschiedliche Wachstumsraten, und einmal der Strom schneller als die Wirtschaft, ein anderes Mal langsamer: In keinem der betrachteten Zeiträume gab es annähernd den gleichen Proportionalitätsfaktor zwischen Wirtschaftsleistung und Stromverbrauch.

Daraus ist doch ehestens die Schlußfolgerung abzuleiten, daß es überhaupt keine starre Kopplung zwischen Wirtschaft und Stromverbrauch gibt, daß es sie früher nicht gab und daß es sie auch in Zukunft nicht geben wird, es sei denn einmal ausnahmsweise. „Entkoppelung“ in diesem Sinn ist also nichts Außergewöhnliches, sondern Normalität. Daher festzustellen, daß sich in den letzten zehn bis fünfzehn Jahren in Deutschland Wirtschaftswachstum und Energieverbrauch „entkoppelt“ haben, ist trivial. Nicht mehr trivial ist die Aussage, daß beide in diesem Sinne schon immer „entkoppelt“ waren. Da nämlich ohne Zweifel Wirtschaft und Energieverbrauch (hier vor allem Stromverbrauch) eng miteinander zusammenhängen (das wird später noch im einzelnen untersucht), muß beider Kopplung als *elastisch* gekennzeichnet werden. Das bedeutet nichts anderes, als daß die Zuwachsraten des einen Partners einmal größer als die des anderen sind, ein anderes Mal umgekehrt. Das heißt aber auch, daß dann die Schlußfolgerung nicht stimmen würde, wonach der Zuwachs des Energieverbrauchs heute und künftig immer hinter dem der Wirtschaftsleistung hinterherläuft, sondern ganz klar, daß auch wieder eine Phase der Entwicklung einsetzen könnte, bei der der Zuwachs des Stromverbrauchs dem der Wirtschaftsleistung vorauseilt. In gängigen Prognosen wird allenthalben für die Welt /8/, aber auch für Deutschland /7/, ein deutliches Anwachsen des Stromverbrauchs in den nächsten Jahren bzw. Jahrzehnten vorausgesagt.

Das ist eine sehr weitreichende Schlußfolgerung, die sicher noch näher untersucht werden muß. Vermutlich ist es dazu jedoch erforderlich, daß größere Zeiträume betrachtet werden müssen als nur ein paar Jahre oder auch Jahrzehnte. Und natürlich auch nicht nur ein Land.

Im übrigen: was heißt in diesem Zusammenhang „weitreichende Schlußfolgerung“? Die von mir eben gezogene ist keineswegs weitreichender als die Schlußfolgerung, daß von nun an Wirtschaftswachstum immer mit sinkendem Energieverbrauch erzielt werden könnte, wofür deren Protagonisten in der Regel den theoretisch fundierten Beweis schuldig bleiben.

Dabei bleibt hier und im weiteren völlig außer Betracht, daß das Bruttoinlandsprodukt nur eine mehr oder weniger unvollkommene Widerspiegelung der tatsächlichen Wirtschaftsleistung oder - wie ich im folgenden die Bezeichnung wähle - der tatsächlichen, historisch bestimmten Wirtschaftskraft eines Wirtschaftsorganismus darstellt. Mangels Besserem wird die Kategorie Bruttoinlandsprodukt gewählt, wenn es sich um Aussagen zur Wirtschaft von heute handelt. Für historische Betrachtungen ist sie schon deswegen ungeeignet, weil sie selbstredend in geschichtlichen Zeiten nicht erfaßt wurde.

Die angenommene Elastizität der Kopplung zwischen Energieverbrauch und Wirtschaftskraft läßt sich durch folgende Überlegungen plausibel machen. Der Energieverbrauch in der Wirtschaft wird zu allen Zeiten grundsätzlich durch zwei Tendenzen charakterisiert, die nebeneinander bestehen:

- *eine Tendenz zur Senkung des spezifischen Energieaufwands* je traditionellem Wirtschaftsakt durch Rationalisierung von Prozessen und Produkten
- und *eine Tendenz zur Erhöhung des absoluten Energieaufwands* durch quantitative Ausdehnung traditioneller Wirtschaftsprozesse und durch Einführung neuer Wirtschaftsprozesse, die damit erst am Anfang ihres Rationalisierungsweges stehen (Innovation).

Es gibt keine absolute Abgrenzung zwischen den beiden Tendenzen. Sie können im Rahmen des wirtschaftlich Möglichen zu einem jeweiligen Zeitpunkt ausgeschöpft werden. Welche der beiden Tendenzen schließlich an einem bestimmten Entwicklungspunkt dominiert, hängt wesentlich von den aktuellen Wirtschaftsverhältnissen zu dieser Zeit und in diesem konkreten Wirtschaftsorganismus ab. Diese sind in einem universalen Sinn nicht frei wählbar, sondern jeweils entwicklungsgeschichtlich bestimmt, und sie wiederholen sich in einem bestimmten Rhythmus (s. dazu die universalwirtschaftlichen Darlegungen im Anhang 1).

Es gibt heute kein objektives Indiz dafür, daß sich die Entwicklungsgeschichte, auch und gerade die der Energiewirtschaft, wie sie für die Vergangenheit charakteristisch war, nicht auch noch in der überschaubaren Zukunft fortsetzt. Die immer wieder ins Feld geführte Erschöpflichkeit irdischer Naturressourcen ist es nicht. Wenn man einmal die Verfügbarkeit außerirdischer stofflicher Ressourcen ganz außer Betracht läßt, zwingt die prinzipielle Endlichkeit irdischer stofflicher Ressourcen, deren tatsächliches Ende aber noch keineswegs erreicht ist, lediglich zu einem rationelleren Umgang mit ihnen, zur Verringerung der Verschwendung und zum Wiedereinsammeln verbrauchter oder abgenutzter Produkte, auch natürlich zur Substitution, wie zum Beispiel Kupfer durch das häufigere Silizium. Das Tor für technische Innovationen steht weit offen, wenn es nur immer einen wirtschaftlichen Sinn macht. Und Kreislaufwirtschaft ist angesagt. Stoffwirtschaftlich werden alle Dinge nur gebraucht, nicht verbraucht. Gebrauch heißt natürlich auch nur zeitweiliger Gebrauch. Kein Mensch braucht schließlich die von ihm erworbenen Produkte auf ewig. So gesehen, ist das alles nur noch eine Frage der Wirtschaftsorganisation, daß heißt der Verhältnisse, unter denen gewirtschaftet wird, der Rationalität ihrer Struktur, keineswegs aber der prinzipiellen Verfügbarkeit von Rohstoffen für die Wirtschaft. Im übrigen sollte darauf hingewiesen werden, daß stofflich auf der Erde nichts verloren geht. Die Schwerkraft sorgt dafür, daß alles Substantielle auf der Erde verbleibt, im Unterschied zur Energie.

Die Energie spielt in der Ressourcenproblematik eine besondere Rolle. Unterschiedlich zur stofflichen Nutzung von Rohstoffen werden energetische „Rohstoffe“ im Wirtschaftsprozeß bezüglich ihres überhaupt nutzbaren Anteils tatsächlich „*ver*braucht“, nicht nur zeitweilig *ge*braucht. Das trifft durchaus auch für die sogenannten „regenerativen“ Energieträger wie Wasser, Wind, Sonne, Geothermie, nachwachsende Biomasse usw. zu. Auch sie werden wie alle anderen „verbraucht“, wandeln sich letztlich irgendwie in Wärme um und vergrößern die

Entropie des Weltalls. Das tun sie allerdings auch, wenn sie nicht als Energieträger genutzt werden.

Nun gibt es aber natürliche Energiequellen, die unter menschlichen Gesichtspunkten „quasi-unerschöpflich" sind, das heißt, bei denen der menschliche Verbrauch klein gegen den natürlichen Vorrat ist und bleibt. Das gilt allen voran für die Sonne. Heute braucht sich wirklich niemand darum zu sorgen, daß die Sonne verlöschen könnte. Das gilt in etwas abgeschwächter Form, aber immer noch ganz prinzipiell, für den Vorrat an Deuterium, den die Meere der Erde enthalten (das natürliche Wasser enthält 0,016 Masse-% schweres Wasser, bei dem Deuterium die Stelle des einfachen Wasserstoffs besetzt), in Verbindung mit Lithium, das voraussichtlich zur Tritiumgewinnung benötigt wird. Das gilt, wiederum nach unten abgestuft, für natürliche Spaltstoffe wie das Uran, für das keine stoffwirtschaftliche Nutzung in Aussicht steht, selbstverständlich ganz im Gegensatz zu Öl oder auch Gas, die heute und in Zukunft stoffwirtschaftlich genutzt werden können bzw. müssen. Kohle, die für längere Zeit noch reichlich vorhanden ist, nimmt eine Zwischenstellung ein.

Die Aussage, daß es nicht genügend Energie auf der Erde und für die Erde gäbe, und das ganz bewußt auch unter dem Gesichtspunkt nachhaltigen Wirtschaftens, der die vermuteten Interessen nachfolgender Generationen einschließt, ist vom Grundsatz her einfach nicht richtig. Wer damit operiert, begeht schlicht eine Unterlassungssünde.

Eine ganz andere Frage ist es natürlich, ob wir die Energie wollen, die uns die Natur bietet. Wenn wir also beispielsweise heute keine Kernenergie mögen, in welcher Form auch immer, das heißt Spaltung oder Fusion, weil wir von ihrer Sicherheit nicht überzeugt sind oder weil wir ganz allgemein Angst haben und selbst zu wenig davon verstehen, dann ist das selbstverständlich ein Grund, ganz demokratisch darauf zu verzichten und andere Mühen und Opfer freiwillig auf uns zu nehmen. Das kann in einer nächsten Generation schon wieder ganz anders sein, wenn Wissen und Technik und das Vertrauen in sie dazu führen, den überragenden Nutzen, den ausreichend Energie für Umwelt, Nahrung und Lebensqualität bietet, auch tatsächlich zu realisieren.

Übrigens noch ein Wort zur Sonne: so „quasi-unerschöpflich" sie ist, so offen sie uns Licht und Wärme darbietet, so kompliziert ist sie doch, was ihre umfassende energetische Nutzung für die Wirtschaft, aber auch für andere Lebensbereiche anlangt. Die Energiedichte ist sehr gering. Nicht dort, wo die Energie „entsteht", aber hier auf der Erde, wo wir sie nutzen wollen. Der Mangel an Dichte muß durch ein hohes Maß an Fläche ausgeglichen werden, gleichgültig, wie die konkrete Nutzungsart aussieht. Hier ist noch viel Wissenschaft gefragt, Kreativität und Wirtschaftskraft. Die Sonne fällt uns nicht in den Schoß wie ein reifer Apfel. Das müssen wir einfach wissen, wenn wir andächtig den Reden der Sonnenanbeter lauschen.

3 Energieereignisse in der Geschichte

Am Anfang der Energiegeschichte stand sicher die **Sonne**. In diesem Zusammenhang ist natürlich nicht die Rolle gemeint, die sie bei Bildung und Entwicklung der Erde gespielt hat. Aber auch von dem Augenblick an, an dem der Mensch die irdische Bühne betrat und sich als gesellschaftliches Wesen aus der Natur herausschälte, stand die Sonne zur Verfügung. Sie ließ die Nahrung reifen und den Wind wehen, gab Licht, trocknete und wärmte (s. dazu auch Grafik 1).
Die Sonne als Energiequelle bestimmte in einer umfassenden und geradezu absoluten Weise den Lebensrhythmus der Menschen.
Es ist jedoch nicht davon auszugehen, daß die Menschen der Urzeit die Sonne im Sinne der Überschrift als „Ereignis" empfunden haben. Sie war vielmehr ganz einfach da, so selbstverständlich wie die Luft und das Wasser. Und wie letztlich auch die eigene Muskelkraft. Auch diese wurde ganz einfach in der täglichen Arbeit genutzt, ohne sie als energetisches Ereignis zu empfinden.
Im Unterschied zur Energie, die - später - als Ergebnis eines Wirtschaftsprozesses entstanden ist, soll diese urwüchsige Energie der Sonne und der eigenen Muskelkraft, aber auch solche abgeleiteten Energiearten wie beispielsweise der Wind und die Kraft fließenden Wassers, im weiteren als ***Naturenergie*** bezeichnet werden.
Allgemeines Kennzeichen einer so definierten Naturenergie ist, daß sie unmittelbar durch den Menschen und damit natürlich auch in seinem Wirtschaftsprozeß genutzt werden kann, ohne daß sie jedoch Ergebnis eines Wirtschaftsprozesses wäre.

Ganz im Sinne der Überschrift als Ereignis ist das **Feuer** in das Bewußtsein des Menschen getreten und hat seinen Wirtschafts- und Lebensprozeß revolutioniert. Ursprünglich ausgelöst durch Blitzschlag oder Vulkanausbruch, war es schon eine umwälzende Errungenschaft, später selbst Feuer entfachen zu können, wo man es benötigte und wann man es benötigte. Die Nutzung des Feuers für die Wirtschaft und das Leben war vermutlich d a s energetische Ereignis in der menschlichen Geschichte. Es hat seine Bedeutung bis zum heutigen Tage nicht verloren.

Mit dem Feuer wird ein Doppelcharakter der Energie sichtbar: nämlich sowohl „Produktivkraft" als auch „Destruktivkraft" zu sein. Feuer brachte einen überragenden Nutzen: Spender von Wärme und Licht zu sein, technologische Prozesse wie das Brennen von Ton oder das Schmelzen und das Bearbeiten von Metall zu ermöglichen. Der überragende Nutzen ließ die damit in Verbindung stehenden Gefahren in den Hintergrund treten. Natürlich hatte das Feuer auch verheerende Folgen. Feuersbrünste vernichteten menschliche Ansiedlungen und zerstörten menschliches Leben (s. dazu auch Grafik 2). Aber je deutlicher die Gefahren wurden, um so mehr wurden Mittel und Verfahren ersonnen, die Gefahren einzudämmen und zu beherrschen.
Feuer ist ein Stück Sonne, das auf die Erde geholt wurde.

Man nutzte das Feuer, obwohl es nach wie vor die Sonne gab. Das Feuer war konzentrierte Energie, mit der man hantieren konnte, wie es der Wirtschafts- und Lebensprozeß erforderte. Sonne am Himmel und Feuer auf der Erde: eine konstruktive Koexistenz in Sachen Energie.

Dabei ist das Feuer eigentlich gar keine normale Energie oder besser: kein „faßlicher" Energieträger. Es kennzeichnet den Prozeß der Umwandlung des Energieträgers Holz in die Energien Wärme und Licht. Das heißt also, Holz ist der eigentliche Energieträger (und natürlich ein paar weitere brennbare Stoffe). Holz in Form von wild wachsenden Bäumen und Sträuchern sowie deren Abfällen ist zunächst einmal ebenso Naturenergie wie die Sonne oder der Wind. Aber Holz kann durchaus auch Ergebnis eines Wirtschaftsprozesses sein: wenn es gesammelt und zerkleinert wird, wenn es ofengerecht aufbereitet wird, wenn es transportiert und gelagert wird und wenn es ausgetauscht wird. In dieser bearbeiteten Form soll es im weiteren als Brennholz bezeichnet werden.

Daß Holz wie auch andere Energieträger neben seiner energetischen Nutzung auch noch eine stoffwirtschaftliche Nutzung erfährt, sei hier nur der Vollständigkeit halber erwähnt.

An wirtschaftlich Spektakulärem hat sich energetisch nach der Nutzbarmachung des Feuers für eine sehr lange Zeit nichts mehr getan, auch wenn der Anblick von Windmühlen oder Segelschiffen gewiß optisch beeindruckend war. Erst mit dem **Dampf** wurde wieder ein energiewirtschaftliches Großereignis sichtbar. Damit wurde das Zeitalter der Industrialisierung eingeleitet. Die durch die Anwendung der Dampfenergie verstärkten menschlichen Kräfte vervielfachten sich im Wirtschaftsprozeß. Der allein seiner Muskelkraft wegen im Wirtschaftsprozeß eingesetzte Mensch verschwand allmählich aus diesem, womit der Mensch als gesellschaftliche Spezies ein wichtiges Stück historischer Freiheit errungen hat.

Etwa 100 Jahre später betrat der elektrische **Strom** die Bühne der Wirtschaft. Damit wurde eine erneute Umwälzung der Wirtschaftsprozesse eingeleitet - angefangen mit der Möglichkeit, elektrisch Licht zu erzeugen und Maschinen mit Einzelantrieb auszustatten und auf Transmissionsriemen zu verzichten -, die bis zum heutigen Tag andauert. Es gibt praktisch kaum einen Wirtschaftsbereich - und darüber hinaus kaum einen Lebensbereich -, in dem der Strom nicht Fuß gefaßt hätte und eine überragende Rolle spielte. Sicher ist der Strom am Ausgang des 20. Jahrhunderts ein wenig in die Jahre gekommen, und manch einer hält ihn ob seiner „Erzeugungsmethoden" in rohstoffressenden und umweltbelastenden Großanlagen für nicht ganz geheuer, aber dennoch kann sich wohl objektiv niemand seines überragenden Nutzens entziehen. Ohne Strom würde die moderne Wirtschaft, aber auch das gesellschaftliche und individuelle Leben nicht mehr funktionieren. Wir leben schlichtweg in einer Strom-Gesellschaft.

Grafik 1: Mit der Sonne fängt alles an - oder: mit der Sonne hört alles auf

Das heißt aber natürlich nicht, daß mit dem elektrischen Strom die energiewirtschaftliche Entwicklung zu Ende wäre. In dieser Arbeit, die die historische Energieentwicklung - und damit natürlich auch die künftige - zum Gegenstand hat, werde ich mich hüten, den Entwicklungsgedanken aufzugeben und plötzlich „ahistorisch" zu werden. Dazu aber mehr in den nachfolgenden Kapiteln.

Schließlich bleibt noch ein letztes spektakuläres Energieereignis nachzutragen: die Geburtsstunde der **Kernenergie**. Sie war 1945 mit den Atombombenabwürfen auf japanische Städte kurz vor Ende des 2. Weltkrieges im wahrsten Sinne des Wortes „explosiv" in das Bewußtsein der Menschheit getreten. Diesen Makel der Geburt hat die Kernenergie bis zum heutigen Tag nicht wirklich abstreifen können. Tief im Innern verbinden viele Menschen eine unbewußte Angst vor diesem unfaßbaren Phänomen, und alle gut gemeinten rationalen Überlegungen und der Hinweis auf viele sicher betriebenen Kernkraftwerke können diese Angst nicht überwinden. Das ist ein Nährboden für Irrationalitäten.
Die Kernenergie gehört vor allem deswegen in diese Reihe von energetischen Großereignissen, weil sie sehr grundsätzliche Möglichkeiten für die Zukunft eröffnet, nicht etwa wegen ihres entsetzlichen „Geburtsfehlers". Genau diese Zukunft wird ihr heute häufig abgesprochen, weil man sich angewöhnt hat, nicht in historischer Dimension zu denken. Aber wenn man an die prinzipielle Unerschöpflichkeit natürlicher Energiequellen denkt, kommt man an der Kernenergie nicht vorbei, und zwar gleichgültig, ob nun in solarer oder in irdischer Gestalt.

Läßt man die genannten, aus historischer Sicht herausragenden Energieereignisse noch einmal Revue passieren, dann präsentiert sich ganz vordergründig diese Energieträgerfolge:

Sonne - Feuer - Dampf - Strom - Kernenergie

Unter physikalischem, aber auch unter wirtschaftlichem Gesichtspunkt stimmt an dieser phänomenologischen Folge einiges nicht.
Die Sonne stellt an sich kein Ereignis dar. Möglicherweise gehört sie unter dem Ereignisaspekt eher noch an das Ende der Folge, in der Annahme, daß es dereinst gelingen werde, einen Prozeß analog der Photosynthese (mit Unterbrechung an der Stelle, an der sich Wasserstoff und Sauerstoff aus Wasser gebildet hat) wirtschaftlich zu gestalten.
Feuer ist kein Energieträger, sondern ein energetischer Umwandlungsprozeß.
Dampf und Strom sind am ehesten noch miteinander zu vergleichen. Sie kommen in der Natur praktisch nicht vor, oder nur unter mehr oder weniger exotischen Umständen, und sind daher Ergebnis eines Wirtschaftsprozesses. Ein gravierender Mangel bei beiden: sie lassen sich nicht im wünschenswerten Umfang speichern.
Und schließlich die Kernenergie. Sie ist eine ganz andere Energieart als Dampf und Strom. Sie fungiert als Primärenergie; als solche steht sie allerdings allein in der

obigen Folge. Keine andere wirtschaftliche Primärenergie, wie beispielsweise Kohle oder Gas oder Öl oder Holz, hat sich historisch als Ereignis dargestellt.
Im weiteren wird untersucht werden, ob und inwieweit innere Zusammenhänge zwischen herausragenden historischen Energieereignissen bestehen. Als Ergebnis wird eine Energieträgerfolge entstehen, die nachprüfbaren Gesetzmäßigkeiten unterliegt. Das wird sowohl in quantitativer als auch in qualitativer Form offenbar werden.
An dieser Stelle sei aber noch ergänzend auf Bemühungen anderer Autoren verwiesen, die in ihren Arbeiten unter unterschiedlichen, letztlich aber wirtschaftlich dominierten Gesichtspunkten solche historischen Energieträgerfolgen beschrieben haben.
Das erfolgt natürlich nicht umfassend, sondern lediglich beispielhaft.

In einer Untersuchung des International Institute for Applied Systems Analysis /9/ ist diese Energieträgerfolge enthalten (die angegebenen Jahreszahlen bezeichnen den ungefähren Zeitpunkt des größten relativen Marktanteils des betreffenden Energieträgers):

Holz (ca. 1800) - **Kohle** (ca. 1925) - **Erdöl** (ca. 1975) - **Erdgas** (ca. 2015) - **Kernenergie - Solarenergie**

In einer anderen Veröffentlichung, die mit diesen Untersuchungen im Zusammenhang steht /22/, wird die obige Folge noch ergänzt:

Holz (ca. 1810) - **Heu** (ca. 1860) - **Kohle** (ca. 1920) - **Erdöl** (ca. 1980) - **Erdgas** (ca. 2030) - **Kernenergie** (ca. 2090) - **Solar-/Fusionsenergie** (ca. 2150)

Heu mag zwar hier etwas deplaziert wirken, ist jedoch ein Synonym für die wirtschaftliche Nutzung tierischer Muskelkraft.

Bemerkenswert an diesen Folgen ist, daß es sich durchweg um Primärenergien handelt.
Das ist in der nachfolgenden Energieträgerfolge nicht mehr gegeben (Wächtler /36/):

Muskelkraft (vorwiegend der Sklaven) - **Wasser** (im Mittelalter) - **Dampf - Elektroenergie - Kernenergie**

In einer russischen Veröffentlichung /27/ war zu finden:

Windenergie - Dampfenergie - Elektroenergie - Kernenergie

Und schließlich sei eine neue Folge, die nicht nur Energiearten, aber solche eben auch enthält, angeführt /32/

* die Steinzeit (ca. 2,4 Mio. Jahre v.u.Z. bis ca. 4500 v.u.Z.)
* das Zeitalter der Metallverarbeitung (ca. 3500 v.u.Z. bis 650 u.Z.)
* das **Zeitalter von *Wasser und Wind*** (ca. 1000 bis ca. 1700)
* das ***Industrie*zeitalter** (1737 bis 1876)
* das **Zeitalter der *Elektrizität*** (1879 bis 1946)
* das Zeitalter der Elektronik (1947 bis 1972)
* das Informationszeitalter (seit 1973)

Das Industriezeitalter kann man unschwer mit Dampf identifizieren, so daß in dieser Folge immerhin dreimal Energiearten zur Bezeichnung historischer Epochen herangezogen werden.

Die zuletzt dargestellten Folgen sind bezüglich der benutzten Energiearten nicht konsistent, denn hier werden Primärenergien wie Wind, Wasser und Kernenergie gleichbehandelt mit beispielsweise den Endenergien Dampf und Strom.

Daß die Kernenergie in den bisher genannten Energieträgerfolgen eine zahlenmäßig exponierte Stellung einnimmt, sollte an dieser Stelle nicht überbewertet werden; die Untersuchungen liegen jeweils schon eine Zeitlang zurück, so daß sich Modeeinflüsse nicht ganz ausschließen lassen.

Schließlich seien zwei weitere interessante Folgen von Energieträgern hier aufgeführt. Zuerst von Winter /38/[1], der die Auffassung vertritt, daß in der Vergangenheit niemals eine neue Energie die jeweils vorangegangene verdrängt hat. Konsequenterweise hat dann in seiner Geschichte der Energiewirtschaft, die vorrangig auf Primärenergien, aber keineswegs ausschließlich auf ihnen, aufbaut, ein Energieträger nur einen Anfang, jedoch kein Ende. Er nennt:

* **Passive Sonnenenergienutzung, Arbeitskraft von Mensch und Tier, Holz, Wind, Wasserkraft** - als schon immer und noch für immer genutzte Energien - die energetische Basis sozusagen
* **Kohlen** - wirtschaftlich seit etwa 1770 genutzt
* **Erdöl (Ölsände, Ölschiefer)** - wirtschaftlich seit etwa 1880 genutzt
* **Kernenergie, Spaltung (Leichtwasserreaktor, Thorium-Hochtemperatur-Reaktor)** - wirtschaftlich seit etwa 1950 genutzt
* **Erdgas** - wirtschaftlich in größerem Umfang seit etwa 1980 genutzt

---

[1] S. 47.

* **Rationelle Energiewandlung und -anwendung** - seit ebenfalls etwa 1980 wirtschaftlich genutzt
* **Heimische Sonnenenergienutzung** - ebenfalls etwa seit 1980 wirtschaftlich genutzt
* **Sonnenenergie und Wasserstoff als Handelsgut** - etwa ab 2010
* **Kernenergie, Fusion** - möglicherweise ab 2050 in geringerem Umfang

Und dann Hubbert /14/ mit dem Kommentar von Winter /38/[2]:

Erste solare Zivilisation (präfossil, präindustriell; Zehntausende von Jahren) - **fossiles Energiezeitalter** (**Kohle, Öl, Erdgas;** etwa 1000 Jahre, von etwa 1800 bis etwa 2800) - **zweite solare Zivilisation** (postfossil, postindustriell; Zehntausende von Jahren)

So unterschiedlich die einzelnen Energieträgerfolgen auch sind und so unterschiedlich die Kriterien sein mögen, nach denen sie zusammengestellt wurden, eines bleibt jedoch festzuhalten: als reiner Zufall in der Aufeinanderfolge der Energien lassen sie sich nicht interpretieren. Wenn eine bestimmte Energie *hinter* einer anderen steht, dann kann sie nicht zufälligerweise auch *vor* ihr oder ganz woanders in der Folge stehen. Folgen dieser Art verweisen auf eine Gesetzmäßigkeit, die dahintersteckt; die einzelnen Glieder einer solchen Folge hängen auf verborgene Weise miteinander zusammen. Energieträgerfolgen verweisen auf einen geschichtlichen Prozeß. In den folgenden Kapiteln wird der Versuch unternommen, tiefer in diese Zusammenhänge einzudringen und die verborgenen Gesetze sichtbar zu machen.

[2] S. 70.

4 Die Rolle der Energie im Wirtschaftsprozeß

Um die einzigartige Stellung der Energie als Produktionsfaktor im Wirtschaftsprozeß zu verdeutlichen und daraus Schlußfolgerungen abzuleiten, ist es unumgänglich, an dieser Stelle noch einmal die Grundlagen des allgemeinen materiellen Produktionsprozesses zu rekapitulieren:

Der Produktionsprozeß ist ein **Transformationsprozeß**, in dem der Rohstoff oder das Vorprodukt, das heißt der „Werkstoff", das Material, durch menschliche Arbeit mit Hilfe eines Systems von Arbeitsmitteln und nach einem Plan in das Arbeitsprodukt umgewandelt wird.
Schematisch kann das in einer sehr abstrahierten Form wie folgt dargestellt werden:

𝔊 bezeichnet den Transformationsgegenstand (= das zu Bearbeitende, das zu Transformierende, den Werkstoff), 𝔓 das Transformationsprodukt (bei beiden in der Regel nicht nur einen bzw. eins, sondern ein Ensemble).
T ist die Transformationsmatrix.
Sie besteht aus
- dem Transformationskonzept (Projekt, Technologie, Organisation,...)
- den Transformationsmitteln (Maschinen, Geräten, Werkzeugen,...)
- der Transformationssteuerung (den Menschen im Produktionsprozeß, der lebendigen Arbeit)
- und der Transformationskraft (der angewandten Energie).

Der Matrix zugerechnet werden können der Vollständigkeit halber Transformationshilfsstoffe (Schmier-, Kühlmittel,...) und Transformationsabfälle.
In der Regel findet der Produktionsprozeß in einem Transformationsgefäß (Gebäude, direkte Infrastruktur, Behälter,...) statt.

Die Transformationsmatrix stellt nichts anderes als das bekannte System der Produktionsfaktoren, der elementaren wie der dispositiven, dar.

Der elementare Produktionsprozeß in dieser verallgemeinerten Form ist symbolisch auch Ausdruck für *alle* Teile des Wirtschaftsprozesses, also auch beispielsweise für den Transport, die Lagerung, den Austausch.

Entsprechend der obigen Matrixbeziehung lassen sich für die Stoffströme eines materiellen Produktionsprozesses verschiedene Bilanzgleichungen aufstellen, so zum Beispiel:

Die Masse der Werkstoffe ist gleich der Summe aus der Masse der Produkte und der Masse der Abfälle.
Oder:
Die Summe der Massen der eingesetzten Hilfsstoffe ist gleich der Summe der Massen der den Prozeß verlassenden gebrauchten Hilfsstoffe plus der Masse möglicher Produktionsverluste bzw. -abfälle.
Weder Werkstoffe noch Hilfsstoffe verbrauchen sich dergestalt, daß physisch ihre Massen verschwinden. Was von den eingesetzten *Werkstoffen* nicht wieder nachweisbar im Produkt auftaucht, befindet sich in den Produktionsabfällen. *Hilfsstoffe* werden sicherlich durch Gebrauch verschmutzt oder sonst irgendwie beeinträchtigt, lassen sich jedoch prinzipiell wiedergewinnen; ihre Massen bleiben physisch erhalten.

Ein anderer Sachverhalt liegt bei den **Transformationsmitteln** vor: sie nutzen sich im Gebrauch ab, verschleißen, bleiben aber grundsätzlich auch nach Durchführung des Produktionsprozesses in ihrer Gestalt und Funktion erhalten. Sie gehen materiell nicht in das Produkt ein.

Nach einer endlichen Zahl von Produktionszyklen scheiden sie aus dem Prozeß aus und werden in der Regel verschrottet. Bezieht man auch diese Verfahrensweise mit in die bilanziellen Stoffbetrachtungen ein, so ist auch bei diesen Produktionsmitteln die Stoffbilanz ausgeglichen.

Hinsichtlich des **Transformationskonzepts** und der **Transformationssteuerung** als Produktionsfaktoren ist anzumerken, daß sie an den Menschen gebunden sind (lebendige, aber auch vergegenständlichte Arbeit). Über die mit dieser Tätigkeit befaßten Menschen erfolgt die erforderliche physische Regenerierung. Auch sie gehen selbstverständlich physisch nicht in das Produkt ein. Eine stoffliche Bilanz ist in diesem Fall ausgeschlossen. Biologisch und sozial sind jedoch die Bilanzkreise durchaus als geschlossen zu betrachten.

Bleibt schließlich die **Transformationskraft**. Häufig wird sie in den wirtschaftswissenschaftlichen Betrachtungen gar nicht gesondert als eigenständiger Produktionsfaktor ausgewiesen. Da sie sich aber prinzipiell anders verhält als die anderen Produktionsfaktoren und daher auch nur sehr begrenzt durch andere Produktionsfaktoren substituiert werden kann, muß sie gesondert benannt werden, und es muß ihre eigenständige Rolle im elementaren Produktionsprozeß charakterisiert werden. (Zur Unterscheidung: Auf der Ebene gesamtwirtschaftlicher Abstraktion stellt sich die Substituierbarkeit der Produktionsfaktoren etwas verändert dar. Dabei kann Energie in größerem Umfang durch die Produktionsfaktoren Arbeit und Kapital substituiert werden, weil als zusätzliches „Stellglied" das Ausweichen auf andere technologische Prozesse, darunter auf solche mit einem höheren materialisierten „Intelligenzanteil", hinzukommt.)

Die Transformationskraft ist das bewegende Element des Produktionsprozesses, schlechthin der Antrieb, ohne den der Prozeß gar nicht läuft. Sie geht physisch nicht in das Produkt ein.
Ihre Quelle kann außerhalb oder innerhalb des Prozesses liegen. In der Regel wird die Transformationskraft dem Prozeß von außen zugeführt. Sie kann aber auch den Werkstoffen entnommen werden, sofern es sich eben um energieenthaltende Werkstoffe, Energieträger, handelt. Dieser Fakt bedarf einer gesonderten Betrachtung.

Transformationskraft ist aber auch nicht wiedergewinnbar. Die solcherart im Produktionsprozeß eingesetzte Energie ist nach Durchführung des Prozesses „verloren". Licht, das leuchtete, Wärme, die den Transformationsgegenstand erwärmte, mechanische Arbeit, die ihn verformte, scheiden nach Durchführung des Prozesses aus dem Prozeß aus. Sie sind wirtschaftlich „verbraucht", ihrer Fähigkeit beraubt, wieder als Transformationskraft zu wirken, eben energetisch „entwertet". Der Prozeß läuft nur in einer Richtung: von einem höheren Energieniveau zu einem niedrigeren, nicht umgekehrt. Das ist natürlich der Grund dafür, daß der Prozeß überhaupt läuft, s. dazu symbolisch Grafik 3. Aus einem oberen Energiereservoir, das möglichst groß, besser: praktisch unendlich groß, ist, wird Energie genommen, die die Transformation bewirkt. Nicht „verbrauchte" Transformationskraft sammelt sich in einem niederen Niveau an. Was an Transformationskraft verbraucht wurde, ist entwertet, ist fortan für die Nutzung verloren, hat sich zerstreut.

Selbstverständlich ist es nicht so, daß energetisch der Bilanzkreis nicht doch geschlossen wäre. Sonst wäre ja das Energieerhaltungsgesetz als eines der grundlegenden physikalischen Gesetze verletzt. Allerdings ist nach dem 2. Hauptsatz der Thermodynamik der energetische Prozeß unumkehrbar; er läuft letztlich nur in Richtung Ordnungsabbau, mithin Erhöhung der Entropie. Die im Produktionsprozeß als Transformationskraft genutzte Energie wandelt sich über Teilchenzusammenstoß und Strahlung in Wärme niederer Temperaturstufe und somit in eine „leichte" Erhöhung der allgemeinen Teilchenbewegung der kosmischen Umgebung um, in eine Form also, die nicht (zumindest nicht ohne erneuten Energieaufwand, und auch dann nur teilweise) wiedergewonnen werden kann.
Damit kann also verallgemeinernd gesagt werden, daß Transformationskraft im Produktionsprozeß entwertete, wirtschaftlich verbrauchte Prozeßenergie ist (weiter unten wird sie als **Nutzenergie** ausgewiesen).

Eine besondere Beachtung erfordern diejenigen Produktionsprozesse, bei denen die Energie selbst Gegenstand ist, die also *Energieträger als Produkt* herstellen. Damit sind nicht nur die „klassischen" Energieprozesse gemeint, die Energieträger wie Kohle oder Öl oder Strom hervorbringen, sondern auch chemische und elektrochemische Prozesse, in deren Ergebnis brennbare oder explosible Stoffe entstehen.

Bei diesen Prozessen werden aus energieenthaltenden Werkstoffen nach den gleichen Grundprinzipien wie bei jedem materiellen Produktionsprozeß Produkte hergestellt. Insoweit ist die Energiewirtschaft ein untrennbarer, integraler Bestandteil der allgemeinen Wirtschaft. Allerdings haben die erzeugten Produkte im Gegensatz zu anderen Produkten einen nutzbaren Energiegehalt, wie zum Beispiel Brennholz oder Kohle oder Strom. Oder noch präziser: dieser Energiegehalt ist ja das eigentliche Ziel dieses Produktionsprozesses. (Dabei wird hier bewußt nicht weiter betrachtet, daß eine Reihe „energetischer" Produkte auch rein stoffwirtschaftlich genutzt wird. So kann Holz als Baustoff und Öl als Schmiermittel oder als Ausgangsstoff für chemische Prozesse verwendet werden.) Gilt damit die oben prinzipiell getroffene Feststellung nicht mehr, daß die im Produktionsprozeß angewendete Energie in einem wirtschaftlichen Sinn unwiederbringlich „verbraucht" wird?
Sie gilt. Man muß an dieser Stelle - wie im übrigen immer, wenn von Energie geredet wird - exakt umreißen, was gemeint ist. Die Transformationskraft, also die Energie zum Antrieb des Produktionsprozesses, wird im Prozeß verbraucht, scheidet aus ihm aus und steht damit am Ende auch nicht mehr nutzbar zur Verfügung. Der Energiegehalt des Endproduktes, der unabhängig von der Antriebskraft ist, stammt aus dem bearbeiteten Werkstoff, ist gewissermaßen Eigenschaft des Werkstoffs. Als Beispiel sei der Kohlebergbau oder die Erdöl- bzw. die Erdgasförderung genannt. Der Boden, der die Eigenschaft hat, Lagerstätte von energetischem „Material" zu sein, wird bearbeitet, um aus ihm die Energierohstoffe als Produkt zu extrahieren. Dieser Energiegehalt des Produkts ist das erklärte Ziel dieser Art Produktionsprozeß. Dabei wird zur Prozeßdurchführung Antriebskraft verbraucht, ohne die der Prozeß nicht laufen könnte. Im konkreten Fall wird sie von außen zugeführt.

Bei Energiespeicherprozessen entstammt die Transformationskraft in der Regel den eingesetzten Werkstoffen, die zumindest teilweise Energieträger sind. Bei der Wasserelektrolyse sind die Werkstoffe beispielsweise Wasser und Strom. Ein Teil des Stromes dient als Transformationskraft und scheidet aus dem Prozeß aus; damit ist dieser Teil der eingesetzten Energie nicht mehr im Produkt enthalten.
Ähnlich verhält es sich in der Pumpphase eines Pumpspeicher-Kraftwerks. Wasser und mechanische Energie werden als Werkstoff eingesetzt. Produkt ist Wasser auf einem höheren geodätischen Niveau, womit potentielle Energie gespeichert ist. Ähnliche Prozesse laufen beim Spannen einer Feder oder bei der Kompression eines Gases ab.
Der zugrunde liegende Sachverhalt kann mit der nachfolgend definierten Größe **Wirkungsgrad** beschrieben werden:

$$\eta = \mathbf{E_e/E_a}$$

Der Wirkungsgrad beschreibt das Verhältnis des Energiegehalts am Ende des Prozesses E_e, das ist also der im Produkt steckende Energiegehalt, um dessentwillen

der Produktionsprozeß durchgeführt wurde, und des Energiegehalts am Anfang des Prozesses E_a, der in der Regel im Werkstoff steckt. Muß zusätzlich von außen noch Antriebskraft hinzugefügt werden, dann ist E_a selbstverständlich die Summe aus dem Energiegehalt des Werkstoffs und der zugefügten Antriebsenergie.
Der Wirkungsgrad ist immer kleiner als eins, da E_a immer größer als E_e ist.
Die Differenz zwischen dem Energiegehalt am Anfang und am Ende, also E_a - E_e, ist der „Verbrauch“ an Antriebskraft zur Transformation, einschließlich der dabei auftretenden energetischen Verluste.

An dieser Stelle ist darauf hinzuweisen, daß der Wirkungsgrad zwar eine außerordentlich wichtige Prozeßkenngröße ist, aber keinesfalls unkritisch auf weitere Fragestellungen bei Energieprozessen angewendet werden darf. Ein allgemeiner Schluß wie etwa „Je höher der Wirkungsgrad, um so besser ist der Prozeß“ ist nicht richtig. Der Wirkungsgrad beschreibt dann Prozesse gut, wenn es sich um vergleichbare Prozesse handelt, wenn also Werkstoff und Produkt gleich sind. Dann ist er ein Maß für die Transformationsgüte.
Er ist allein *nicht* aussagekräftig, wenn es sich um den Vergleich unterschiedlicher energetischer Prozesse handelt, wenn also Werkstoff und/oder Produkt nicht gleich sind. Das trifft beispielsweise auf die Stromgewinnung (= Produkt) aus Kohle oder aus Sonnenlicht (= zwei unterschiedliche Werkstoffe) zu. Oder ob aus Kohle (= Werkstoff) Strom oder Wärme (= zwei unterschiedliche Produkte) erzeugt werden soll.
Zur wirtschaftlichen Beschreibung solcher energetischen Prozesse müssen noch andere wichtige Kenngrößen herangezogen werden wie die Kosten, die Vorräte, die Verfügbarkeit, die Energiedichte, die Qualität des Energieträgers usw.

An dieser Stelle sei zusammenfassend darauf hingewiesen, daß der Energie im Wirtschaftsprozeß objektiv ein weiterer „Doppelcharakter“ eigen ist. Sie ist immer Transformationskraft und damit Prozeßantrieb. Sie ist manchmal, eben bei der „Produktion“ von Energieträgern, auch Werkstoff - und damit logischerweise auch Produkt des Wirtschaftsprozesses. Wenn man also von Energie im Wirtschaftsprozeß spricht, muß immer ihre Rolle bzw. die Rollenverteilung in diesem Prozeß definiert werden, damit man zu keiner falschen Aussage kommt.

Einer besonderen Untersuchung bedarf die Rolle des Menschen und der menschlichen Arbeit im Produktionsprozeß. Sie ist heute vorrangig an die *Konzept-* und an die *Steuerungsfunktion* gebunden (Arbeit im Prozeß bzw. Arbeit außerhalb des Prozesses, jedoch für den Prozeß). Untersucht man die menschliche Arbeit unter dem Gesichtspunkt geschichtlicher Entwicklung, so muß man natürlich auch die *Mittelfunktion, hier besser: die Werkzeugfunktion,* und die *Kraftfunktion* in die Betrachtung einbeziehen.

An der Schwelle der Menschwerdung, als der Mensch aus dem Tierreich heraustrat und eine soziale Institution wurde, waren alle Transformationsfunktionen an die menschliche Arbeit gebunden.

Historisch als erste löste sich die Werkzeugfunktion vom menschlichen Körper. Ganz am Anfang der Entwicklung formte der Mensch mit seiner Hand den Werkstoff. Dann schob sich zwischen die Hand und den Werkstoff ein Stock oder ein Spieß, ein Schaber oder ein Messer, später wurden das komplexere Geräte und Maschinen, bis heute schließlich ein vollautomatischer Bearbeitungsprozeß keine Utopie mehr ist. Der Mensch heute formt mit seiner Hand nichts mehr im modernen industriellen Produktionsprozeß; er hat sich mit seiner Werkzeugfunktion vollständig aus ihm zurückgezogen. Die gleiche Aussage trifft durchaus auch für das Handwerk zu; ohne Arbeitsmittel geht auch hier nichts mehr.

Die Kraftfunktion ist an die Muskeln des Menschen gebunden. Sie war unter historischem Blick von Anfang an und noch sehr lange, sogar bis in unsere Tage hinein, im einfachen Produktionsprozeß wirksam, wenn auch in ständig abnehmendem Umfang und wenn auch teilweise unter Kraftverstärkung durch tierische Muskelkraft. Es gilt ganz klar: das Ende menschlicher Muskelkraft im materiellen Produktionsprozeß ist abzusehen. Damit wird auch noch einmal deutlich, wie weiter oben schon behauptet, daß die Antriebskraft als Produktionsfaktor einzigartig ist und heute praktisch durch kaum einen anderen Produktionsfaktor ersetzt werden kann, nicht durch den Werkstoff, die Arbeitsmittel, die Steuerung oder das Konzept, und nicht durch das Kapital, das für diese Faktoren aufgewandt wird. Nur die menschlichen Muskeln wären streng genommen dazu in der Lage. Sie aber wieder als Energie in den Produktionsprozeß einführen zu wollen, aus dem sie sich mühsam über Jahrhunderte hinweg gelöst haben, wäre „unmenschlich“. Zugleich wäre ein solches Vorhaben zutiefst „ahistorisch“, weil es der (im nachfolgenden noch näher zu untersuchenden) objektiven geschichtlichen Energieentwicklung nach Quantität und Qualität zuwiderlaufen würde. Würde man jetzt also dem Menschen wieder teilweise die Kraftfunktion im Wirtschaftsprozeß überstülpen, würde man rückwärts gewandt handeln und seine Augen von der Zukunft abwenden. Das hieße Rückschritt, nicht Fortschritt, in der elementaren Bedeutung des Wortes.

Damit sollte aber auch klar sein: um heute und in Zukunft erfolgreich wirtschaften zu können, wird Energie gebraucht, viel Energie. **Ausreichende und „bezahlbare“ Energie als Transformationskraft ist der Schlüssel für die Entwicklung der Wirtschaft überall auf der Erde.** Sonst bewegt sich eben nichts. Mehr von ihr einsatzfähig zu haben, heißt dann vom Grunde her, mehr und besser zu produzieren, besser zu wirtschaften.

Für den Werkstoff gilt diese Aussage eben gerade nicht. Da kann durchaus weniger tatsächlich mehr sein.

Was schließlich die Steuerungs- und die Konzeptfunktionen des Menschen im Produktionsprozeß anbelangt, so beschreiben sie im wesentlichen die heutige Rolle menschlicher Arbeit in der materiellen Produktion. Sie werden noch lange wirksam bleiben.

Nunmehr ist es an der Zeit, zusammenfassend und systematisierend die verschiedenen Energiearten und Energiebegriffe, wie sie für das Wirtschaften bedeutsam sind und in dieser Arbeit gebraucht wurden bzw. noch gebraucht werden, darzustellen.
Was im materiellen Produktionsprozeß angewendet wird, ist **Nutzenergie**. Sie besteht traditionsgemäß aus **Kraft**[1], **Wärme** und **Licht.** Mit der Entwicklung der modernen Wirtschaft kommen noch Anwendungen von **Direktelektrizität** hinzu, wie beispielsweise in Galvanik- und Elektrolyseprozessen, bei der Veränderung von Stoffeigenschaften unter dem Einfluß elektromagnetischer Felder sowie in der Datenverarbeitungs- und Kommunikationstechnik, also Hochfrequenz-, Feld- und Impulsanwendungen. Winter /38/[2] nennt diesen Teil der Nutzenergie „Kommunikationsenergie".
Licht bezeichnet im gegebenen Zusammenhang allgemein die Erzeugung elektromagnetischer Strahlung. Kraft meint Kraftanwendung, genauer: mechanische Energie, und schließt Strömung und Druck sowie Schall und Ultraschall mit ein. Wärme umfaßt auch Kälte, also die gewollte Abweichung von der normalen Umgebungstemperatur.
Nutzenergie wird unmittelbar im Prozeß frei und „verbraucht" sich vollständig. Sie hinterläßt keinen „Restwert", wie es bei jeder Art von „Stoffnutzung" im Wirtschaftsprozeß der Fall ist. Sie entwertet sich. Sie verhält sich damit eben anders als alle „stofflichen" Elemente im Produktions- bzw. Wirtschaftsprozeß.
Nutzenergie ist diejenige Energieart, um die sich letztlich wirtschaftlich alles dreht. Sie ist aber nicht faßlich und speicherbar, sondern per se flüchtig.
Nutzenergie ist die Transformationskraft des materiellen Produktionsprozesses.

Damit Nutzenergie für den Produktionsprozeß - und im weiteren den Wirtschaftsprozeß, die Konsumtionsphase eingeschlossen - zur Verfügung steht, erwirbt der wirtschaftliche Akteur **Endenergie.** Diese Endenergie ist die eigentliche energetische Handelsware, wenn man Energie wirtschaftlich nutzen will, nicht die flüchtige Nutzenergie. Die Endenergie steht am definierten Ende der energiewirtschaftlichen Umwandlungskette, die mit der **Primärenergie,** dem energetischen Rohstoff, beginnt. Mit der Endenergie setzt die eigentliche Energieanwendung ein, indem die benötigte Nutzenergie für den Produktionsprozeß bereitgestellt wird. Die Energieumwandlung endet schließlich mit (energetisch entwerteter) Abwärme auf dem Temperaturniveau der Umgebung.

---

[1] Der Begriff „Kraft" wird in diesem Buch nicht im strengen physikalischen Sinn, sondern in der Regel als Synonym für (mechanische) Energie gebraucht.
[2] S. 217.

Grafik 2: Feuer - Fluch oder Segnung

Mit Energie muß man sparsam und rationell umgehen. Das versteht sich unter wirtschaftlichen Gesichtspunkten von selbst. Die im Wirtschaftsprozeß angewendete Nutzenergie ist selbstverständlich ein Kostenfaktor; er wird so niedrig wie vernünftig möglich gehalten werden. Dennoch darf die Anwendung von Nutzenergie nicht nur unter dem Gesichtspunkt der Einsparung gesehen werden, sondern vor allem auch unter dem Gesichtspunkt der Erweiterung der wirtschaftlichen Tätigkeit, der Chancen, die ihre Anwendung für die wirtschaftliche Innovation, für neue Produkte und Verfahren, bietet, und damit für die Umsatzerweiterung, für das Wirtschaftswachstum. Energie ist einerseits ein gewichtiger **Kostenfaktor**, andererseits als wichtiger Produktionsfaktor auch ein überragender **Nutzensfaktor**. Beide Aspekte sind im Wirtschaftsprozeß wirksam und müssen immer gemeinsam beachtet werden.

An der Charakterisierung der Endenergie als der eigentlichen energetischen Handelsware ändert auch die Tatsache nichts, daß heute in steigendem Maße der Warenproduzent gar nicht mehr selbst diese energetische Handelsware erwirbt, um aus ihr in seinem Produktionsprozeß Nutzenergie als Transformationskraft zu gewinnen, sondern daß er einen Lieferanten dazwischenschaltet, der ihm dann die benötigte Kraft, die Wärme, das Licht, die Direktelektrizität für die Produktion liefert. Diese energetische Dienstleistung ändert an der objektiven „Flüchtigkeit" der Nutzenergie natürlich nichts. Was tatsächlich passiert, ist lediglich eine Trennung von Prozeßträger und Nutzenergieerzeuger, die dann sehr eng kooperieren müssen; mit der wirtschaftlichen Rolle der Energie selbst hat das nichts zu tun.

Wenn künftig der Begriff Energie im Zusammenhang mit Wirtschaft, Wirtschaftskraft oder Wirtschaftswachstum gebraucht wird, ist immer die Endenergie, deren einziger unmittelbarer Bestimmungszweck die bedarfsgerechte Umwandlung in Nutzenergie ist, gemeint. Sie liegt der Nutzenergie am nächsten. Sie, nicht die Primärenergie, ist Bestandteil der historisch bestimmten Wirtschaftskraft. Sie, nicht die Primärenergie, entscheidet über die Produktivität des Wirtschaftsprozesses. Sie, nicht die Primärenergie, ist folglich „Produktivkraft". Insofern trifft der häufig in wirtschaftlichen Untersuchungen angestellte Vergleich von Primärenergieverbrauch und Bruttoinlandsprodukt nicht den Kern der Sache. Auf die Notwendigkeit, das Denken in der Primärenergiekategorie zu beenden und statt dessen künftig in der Nutzenergiekategorie zu denken, hat bereits ausdrücklich Winter /38/[5] hingewiesen.
Der Vergleich der Entwicklung des Bruttoinlandsprodukts mit der Entwicklung des Stromverbrauchs ist dagegen theoretisch begründet, wie aus den nachfolgenden Untersuchungen verständlich wird. Betrachtet man wesentlich größere Zeiträume als nur die letzten Jahre oder Jahrzehnte des 20. Jahrhunderts, dann fehlt eine exakt meßbare Größe wie der Stromverbrauch. Man muß sich daher mit analogen Größen, die aber deutlich weniger gut meßbar sind - zumal in historischer

[5] S. 21.

Dimension - , befassen, wie noch zu zeigen sein wird. Andererseits ist natürlich auch daran zu erinnern, daß das Bruttoinlandsprodukt ebenfalls keine Entsprechung in historischer Dimension kennt.

Primärenergie ist also nicht die geeignete energetische Kategorie, wenn die Wechselwirkung mit der Wirtschaft betrachtet wird. Aber die Nutzenergie, obwohl sie das eigentliche energetische Element des Wirtschaftsprozesses, ein Produktionsfaktor, ist, kann wegen der Flüchtigkeit und Unbestimmtheit, die ihr naturgemäß innewohnt, wegen der Eigenschaft, immer orts-, zeit- und artgerecht abgefordert zu werden, was nur sehr begrenzt, lokal, verwirklicht werden kann (eine Weltwirtschaft mit Nutzenergie ist eine Fiktion!), diese Rolle als kompetenter Wirtschaftspartner nicht ausfüllen. Diese Rolle kommt daher objektiv der Endenergie zu.

Ein solches Vorgehen ist auch aus anderer Sicht gerechtfertigt. Es besteht heute mehr als früher die Möglichkeit, eine bestimmte Endenergie aus einer breiteren Palette von Primärenergien darzustellen, und zwar zu unterschiedlichen wirtschaftlichen Bedingungen (Preisen, Wirkungsgraden, Vorräten usw.). Wer heute Strom anbietet, kann ihn aus Kohle, Öl, Gas, Kernenergie, Sonne, Wind, Wasserkraft usw., auch aus elektrochemischen Batterien, herstellen. Die strenge Bindung an eine Primärenergie und ihre wirtschaftlichen Bedingungen ist aufgehoben. Es besteht in einem bestimmten Umfang Wahl- und Entscheidungsmöglichkeit.

Der Endenergie kommt daher eine wirtschaftliche Schlüsselrolle zu.

In einem umfassenden Sinn, ohne aber vollständig zu sein, sollte Endenergie heute von ihrer physischen Konstitution her sein: Öl, Gas, Ofenkohle, Brennholz, Strom, Heizdampf, Warmwasser, Benzin, Diesel, Druckluft, brennbare und explosible Chemikalien, elektrochemisch reagierende Chemikalien, brennbare sonstige Biomasse, über Niveau liegende feste oder flüssige Massen, in Bewegung befindliche feste oder flüssige Massen, gedehnte oder gestauchte elastische Körper, Futtermittel, Lebensmittel usw.

Die Struktur der zur Verfügung stehenden Endenergie, das heißt der Anteil, den jede Endenergieform an der gesamten Endenergie einnimmt, hat wegen der jeweiligen Umwandlungswirkungsgrade einen bedeutenden Einfluß nach beiden Seiten der Umwandlungskette, mithin sowohl auf den Primärenergieverbrauch als auch auf den Nutzenergieverbrauch. So bedeutet beispielsweise ein Anwachsen des elektrischen Stroms am Endenergieverbrauch tendenziell eine Erhöhung des Primärenergieverbrauchs und eine Verbesserung beim Nutzenergieverbrauch.

5 Verteilungsenergie

Noch ein neuer Energiebegriff.
Gerade die historische Sicht macht die Grenzen deutlich, die dem heutigen Gebrauch des Begriffs Endenergie, dem im Zusammenhang mit der Wirtschaft eine so überragende Bedeutung zukommt, innewohnen. Endenergie ist für den heutigen Gebrauch international definiert. Definitionen können sich auch ändern, wenn es zweckmäßig ist und dazu eine breite Übereinstimmung besteht. Aber wenn die Entwicklung über Jahrhunderte oder gar Jahrtausende hinweg untersucht werden soll, dann muß man sich auf einen Begriff verständigen, der nicht auf einer der nächsten internationalen Konferenzen neu definiert wird, weil es heutige Erfordernisse wünschenswert erscheinen lassen.
Aus historischer Sicht sind auch wesentliche Bestandteile in der heutigen Begriffsfassung der Endenergie nicht enthalten. Das betrifft neben dem Holz vor allem Nahrungsmittel und Futtermittel. Nahrungsmittel dienen der Darstellung von Muskelkraft des Menschen. Die menschliche Muskelkraft hat über einen sehr langen Zeitraum wirtschaftlicher Entwicklung den Wirtschaftsprozeß dominiert. Sie spielt auch heute in einfachen Wirtschaftsprozessen noch eine große Rolle, beispielsweise im Handwerk, bei der Montage und in einigen Dienstleistungsbranchen, ganz besonders jedoch vor allem in weniger entwickelten Regionen der Erde.
Man darf sie einfach nicht außer Betracht lassen.
Das gleiche läßt sich zur Kraftverstärkung menschlicher Muskelkraft sagen, die über die Haustiere des Menschen in den Wirtschaftsprozeß eingebracht worden ist. Über viele Jahrhunderte hinweg wurden weite Teile des Wirtschaftsprozesses energetisch durch die Muskelkraft der Haustiere geprägt. Dafür sind die Futtermittel, zum Beispiel das schon erwähnte Heu, bedeutsam.
In vielen Teilen der Erde ist die tierische Muskelkraft (als verstärkte menschliche Muskelkraft) auch heute noch ein wichtiger Faktor.
Das muß beachtet werden.
Holz und Dung wurden früher und werden auch heute noch in großem Umfang zur Wärmegewinnung eingesetzt.
Mit der heutigen Handhabung der Endenergie werden auch weitere relevante Größen unzureichend erfaßt, so beispielsweise der Strom, der aus Batterien (nicht Akkumulatoren, die jeweils vorher am Netz geladen werden) oder aus individuellen Photovoltaikanlagen stammt. Oder aber die chemische Produktion von Sprengstoffen bzw. von Leuchtstoffen.
Durch alle diese nicht erfaßten Größen kommen weltweit schnell einige Prozente zusammen, die an Endenergie unberücksichtigt bleiben.
Daher wird, insbesondere unter historischer Sicht, die ***Verteilungsenergie*** eingeführt. Nicht daß sie etwa genauer erfaßt und gemessen werden könnte als die Endenergie, sondern im Bewußtsein, daß die Endenergie heute und vor allem in der

Grafik 3: Wasserenergienutzung

Vergangenheit nicht alles umfaßt, was wirtschaftlich bedeutsam ist. Daß also bei einer Reihe von Betrachtungen ein „Zuschlag“ zur Endenergie notwendig ist, um genauere Aussagen zu ermöglichen.
In einer ersten Näherung und wenn eben keine genaueren Aussagen möglich bzw. erforderlich sind, kann immer mit der Endenergie gerechnet werden, wenn eigentlich die Verteilungsenergie gemeint ist. Auch in diesem Buch wird davon notgedrungen Gebrauch gemacht.

Verteilungsenergie - wie im übrigen Endenergie auch - ist keine Naturenergie. Sie entsteht immer im Gefolge eines Wirtschaftsprozesses.
Als Verteilungsenergie wird diejenige Energie in einem Wirtschaftsorganismus bezeichnet, die sich im Ergebnis eines Wirtschaftsprozesses in der Verfügung der Verbraucher befindet und fähig ist, sich unter Verantwortung der Verbraucher und in enger Verbindung mit den dazu verwendeten zeitgemäßen Nutzungsgeräten in Nutzenergie umzuwandeln und sich dabei wirtschaftlich zu verzehren.
Verbraucher in diesem Sinn kann auch ein Energie-Dienstleister sein, der lokal und zeitpunktgerecht Nutzenergie verkauft.
Verteilungsenergie ist eine wirtschaftliche, nicht vordergründig eine technische Kategorie. Allerdings gemessen wird sie in den gleichen Einheiten wie die Endenergie. In diesem Buch ist das die Kilowattstunde (kWh).

Künftig werden in diesem Buch alle Aussagen, die die Endenergie betreffen, auf die Verteilungsenergie bezogen. Das gilt auch rückbezüglich, darunter insbesondere auch auf die Auflistung von aktuellen Endenergien am Ende des vorangegangenen Kapitels.
Allerdings sei der Hinweis gestattet, daß eine einmal getroffene Zuordnung eines physischen Energieträgers zur Kategorie der Endenergie bzw. Verteilungsenergie keineswegs bedeutet, daß das dann auch für alle Zeiten gelten muß. Ob eine Energie zu einer bestimmten Zeit und in einem bestimmten Wirtschaftsorganismus tatsächlich eine Endenergie bzw. Verteilungsenergie ist, hängt davon ab, wie sie in den konkreten Wirtschaftsprozeß eingebunden ist. So ist beispielsweise Dampf, der als „Hilfsenergie“ in einem thermischen Kraftwerk zum Turbinenantrieb eingesetzt wird, eben keine Endenergie, sondern „nur“ Umwandlungsenergie zur Darstellung der Endenergie „Strom“.

An Endenergie bzw. Verteilungsenergie sind bestimmte wirtschaftliche und technische Anforderungen zu stellen:

- **der Verbraucher erwirbt sie, um daraus in einem durchgängigen Prozeß Nutzenergie zu gewinnen**
  Die erworbene Energie ist nicht dazu bestimmt, sie weiterzuverkaufen, ohne unmittelbar daraus Nutzenergie zu gewinnen. Natürlich ist der Weiterverkauf eines bestimmten Energieträgers möglich und wird praktiziert; dann handelt es

sich aber wirtschaftlich noch nicht um Endenergie bzw. Verteilungsenergie, sondern um eine wirtschaftliche Vorstufe in der energiewirtschaftlichen Kette von Primärenergie zu Endenergie.
Die Umwandlung in Nutzenergie muß nicht unmittelbar und sofort erfolgen; teilweise werden Lagerzeiten in Anspruch genommen.

- **sie muß transportierbar sein**
  Sie muß ohne Einschränkungen an den Ort des Verbrauchs, das heißt der Umwandlung in Nutzenergie, transportiert werden können.
- **sie muß mengenmäßig erfaßt werden können**
  Das ist einfach eine notwendige Voraussetzung, um den wirtschaftlichen Austausch zu ermöglichen.
- **sie muß zur Umwandlung in Nutzenergie dosierbar sein**
  Endenergie bzw. Verteilungsenergie muß sich in bestimmte Portionen teilen lassen, um eine vernünftige wirtschaftliche Anwendung zu ermöglichen.

Endenergie bzw. Verteilungsenergie ist eng *an bestimmte Nutzungsgeräte gebunden.* So war Wasserdampf im Zeitalter der Industrialisierung immer mit der Dampfmaschine verbunden. Der elektrische Strom hing eng mit der Dynamomaschine zusammen. Eigentlich ist erst mit der Erfindung dieser Nutzungsgeräte der wirtschaftliche Durchbruch dieser Energien verbunden gewesen. Wasserdampf war schon im Altertum bekannt. Erinnert sei hier an Heron von Alexandriens Beschreibung eines Badeofens und einer Dampfkugel (Äolsball) aus dem Jahre 110 u.Z. Und schließlich hat jede Hausfrau beim Kochen von Nahrungsmitteln oder bei der Heißwäsche ungewollt schon mit Dampf bzw. kondensierendem Dampf zu tun gehabt. Aber wirtschaftlich hatte er absolut keine Bedeutung, bis nicht eine funktionsfähige Dampfmaschine zur Umwandlung in die wirtschaftlich benötigte Nutzenergie Kraft(anwendung) vorhanden war. (Ohne es an dieser Stelle näher auszuführen, sei auch an den engen Zusammenhang der Erfindung der Dampfmaschine mit der wirtschaftlich benötigten Nutzenergie Kraft hingewiesen. Ohne daß ein wirtschaftlicher Bedarf vorgelegen hätte, wäre es auch nicht zu der überragenden Wirkung der Erfindung einer wirtschaftlich einsetzbaren Dampfmaschine gekommen. Wobei anzumerken ist, daß die Erfindung der Dampfmaschine nicht eine zufallsbedingte Einzeltat von James Watt war, sondern ein über viele Jahre währender Prozeß, an dem mehrere Erfinder beteiligt waren. Dieser Hinweis soll noch einmal den damaligen wirtschaftlichen Bedarf für ein solches Gerät herausstellen.)
Ähnliches gilt für den elektrischen Strom. Die Erscheinung der Elektrizität war ebenfalls bereits den alten Griechen bekannt, als elektrostatische Kraft geriebenen Bernsteins. Aber eine wirtschaftliche Bedeutung hat Strom erst mit der Erfindung der Dynamomaschine erlangt, und zwar weil ein erhebliches wirtschaftliches Interesse daran bestanden hat. Dazu später noch weitere Ausführungen.

An dieser Stelle erhebt sich die Frage: Ist Wasserdampf eigentlich tatsächlich eine Endenergie bzw. Verteilungsenergie (gewesen)? Wasserdampf im modernen Kraftwerksprozeß - siehe oben - ist es nicht. Dampf, der von einem Dienstleister an den Verbraucher zur Wärme- und Kraftgewinnung verkauft wird, ist tatsächlich Verteilungsenergie. Im Zeitalter der Industrialisierung, in dem Dampf eine so überragende wirtschaftliche Rolle gespielt hat, gab es solche Dienstleister in der Regel wohl nicht. Der Verbraucher hat sich aus Ofenkohle bzw. Brennholz selbst den Dampf erzeugt, weil er ihn in Dampfmaschinen zur Kraftdarstellung benötigte. Dieser Dampf erfüllt streng genommen nicht alle oben für eine Endenergie bzw. Verteilungsenergie genannten wirtschaftlichen und technischen Kriterien. Er wird nicht in einem Austauschprozeß erworben, sondern selbst erzeugt. Dieses Kennzeichen trifft also nicht direkt zu, denn erworben wird die Vorstufe Ofenkohle oder das Brennholz. Er wird nicht weiterverkauft, sondern unmittelbar zur Darstellung von Nutzenergie verwendet. Das ist ein positiv erfülltes Kriterium. Er ist transportfähig und dosierbar. Das ist ebenfalls positiv zu bewerten. Er kann mengenmäßig erfaßt werden. Auch das ist eine positive Wertung, obwohl diese Eigenschaft in der Verantwortung des Verbrauchers nicht von großer Bedeutung ist, da kein Austauschprozeß mehr erfolgt. Zusammengefaßt kann zur Einschätzung von Wasserdampf im Zeitalter der Industrialisierung gesagt werden: er ist nur in enger Verbindung mit Ofenkohle bzw. Brennholz als Verteilungsenergie wirksam, nicht losgelöst davon. Das ist in seinen physikalischen Eigenschaften begründet. Dampf läßt sich nicht (wie beispielsweise Strom) über weite Entfernungen transportieren. Er ist nur kurzzeitig wirtschaftlich speicherfähig. Dampf verliert seine technisch nutzbare Eigenschaft zur Umwandlung in Kraft (er kühlt ab und entspannt sich), wenn er nicht alsbald genutzt wird. Dampf kann also nicht in einem größeren Markt direkt als Endenergie angeboten werden. Insofern gibt es eine technisch-physikalisch bedingte Einheit von Brennstoff und Dampf sowie von Kessel und Dampfmaschine.

Wie sieht dieser Sachverhalt beim Strom aus? Strom ist über größere Entfernungen transportierbar, indem man leicht an die Orte des Verbrauchs Leitungen legen kann. Er ist dosierbar. Er ist mengenmäßig meßbar. Für ihn gibt es daher einen Markt als Endenergie. Er kann also auch vom Verbraucher erworben werden, um ihn unmittelbar in die benötigte Nutzenergie umzusetzen. Damit ist Strom, so wirtschaftlich behandelt, uneingeschränkt eine wirtschaftliche Verteilungsenergie. (Es sei an dieser Stelle vorab angemerkt, daß der Strom natürlich auch beträchtliche wirtschaftliche Nachteile hat, wie seine fehlende Langzeit-Speicherfähigkeit, und daß er deswegen natürlich auch keineswegs in alle Ewigkeit hinein diese gleiche Rolle als Verteilungsenergie spielen muß.)

Unter historischen Gesichtspunkten müssen noch Klärungen zu weiteren Verteilungsenergien erfolgen, insbesondere wenn es sich primärenergieseitig um Naturenergien handelt. Das betrifft also vorrangig Wasser und Wind. (Notwendige Bemerkungen zur Muskelkraft erfolgen später.)
Ein Fließgewässer oder ein Wasserfall ist nicht schlechthin Träger von Verteilungsenergie. Beide sind Natur und, sofern man sie unter energetischen Gesichtspunkten betrachtet, sind sie Naturenergie. Kanalisiert man ein Fließgewässer oder einen

Wasserfall und führt das Wasser einem Wasserrad zu, um daraus Kraft zum Mahlen oder Sägen zu gewinnen, dann ist das strömende Wasser Träger von Verteilungsenergie (s. dazu Grafik 3). Das ist es deswegen, weil dieser Teil des Wassers dann Ergebnis eines Wirtschaftsprozesses ist und unmittelbar zur Darstellung von Nutzenergie eingesetzt wird. Transportfähig, meßbar und dosierbar ist Wasser natürlich auch. Verteilungsenergie im definierten Sinn ist aber eben nur der Teil des strömenden Wassers, der auf die beschriebene Art in Nutzenergie umgewandelt wird. Der restliche Teil bleibt Natur.
Andererseits ist die Energie strömenden Wassers, die in Wasserkraftwerken zur Stromgewinnung eingesetzt wird, gerade keine Verteilungsenergie. Verteilungsenergie (Endenergie) ist erst der entstehende Strom, und zwar dann und insoweit, als er dem Verbraucher zur Umwandlung in Nutzenergie zugeführt wird.
Wird der Strom zum Laden von Akkumulatoren oder Pumpspeicher-Kraftwerken benutzt, ist er keine Verteilungsenergie (Endenergie). Das letztere gilt natürlich für jede Art von Stromerzeugung, nicht nur für die aus Wasserkraft.

Ähnliche Überlegungen wie für das Wasser gelten auch für die wirtschaftliche Nutzung des Windes als Naturenergie. Die Nutzung der Kraft des Windes ist ausschließlich an das „Nutzungsgerät“ Windmühle oder Segelschiff gebunden (s. dazu auch Grafik 4). Nur dieser Teil ist Verteilungsenergie, da er Ergebnis eines Wirtschaftsprozesses ist und unmittelbar zur Kraftdarstellung führt. Strömende Luft schlechthin ist Natur bzw. Naturenergie.
Ähnlich wie beim Wasserkraftwerk gilt auch für ein Windkraftwerk: es dient der Darstellung von elektrischem Strom, und daher ist die anteilige Windenergie keine Verteilungsenergie (Endenergie).

Unter den gleichen Gesichtspunkten ist die Nutzung der Sonnenenergie zu betrachten. Derjenige Teil, der in individuellen Solarthermieanlagen unmittelbar zur Darstellung der Nutzenergie Wärme angewendet wird, ist Verteilungsenergie. Der übrige - größere - Teil natürlich nicht. Die Sonne bleibt im wesentlichen unberührte Natur. Wird in Photovoltaikanlagen Strom „erzeugt“, dann gilt: der Strom ist in dem Maße, wie er einem Verbraucher zur Umwandlung in Nutzenergie zugeführt wird, Verteilungsenergie.

Aus diesen Betrachtungen wird noch einmal deutlich, welch enger Zusammenhang zwischen Verteilungsenergie (Endenergie) und dem zugehörigen Nutzungsgerät besteht. Eigentlich läßt sich die wirtschaftliche Bedeutung einer Energie immer nur mit dem zugehörigen Nutzungsgerät erfassen. Da Nutzungsgeräte im Ergebnis von Wirtschaftsprozessen entstehen und daher eine ausgeprägte geschichtliche Komponente besitzen, ist auch von dieser Seite her die Energienutzung ein geschichtlicher Prozeß.

6 Qualitative Entwicklung und charakteristische Energien

6.1 Charakteristische Energie

Ich wende mich nunmehr dem Aufspüren von gesetzmäßigen Zusammenhängen in der Geschichte der Energiewirtschaft zu. Das wird in enger Verbindung mit der Entwicklung der Wirtschaft insgesamt geschehen, denn es gehört zu meiner Grundüberzeugung, *daß die Energiewirtschaft ein integraler, dynamischer, aktiver und vorauseilender Bestandteil der Wirtschaft ist.* Das wird im einzelnen zu untersuchen und nachzuweisen sein.

An dieser Stelle sei lediglich als allgemeine Feststellung aus der universalen Wirtschaftsentwicklung die Erkenntnis herausgestellt, daß sich die universale Wirtschaftsentwicklung in aufeinanderfolgenden Stufen vollzieht und daß sich jede historische Stufe durch eine eigene, unverwechselbare *Wirtschaftsweise* auszeichnet. Jede Wirtschaftsweise ist durch ganz bestimmte *Wirtschaftsverhältnisse* und durch eine historisch bestimmte *Wirtschaftskraft*, mithin durch einen charakteristischen *Zustand,* in dem sich der betrachtete *Wirtschaftsorganismus* befindet, gekennzeichnet. Mehr Aussagen zu den Grundlagen der universalen Wirtschaftsentwicklung sind im Anhang 1 zu diesem Buch dargestellt.

Mit diesem Hinweis wird nunmehr im folgenden in der Geschichte der Energiewirtschaft ebenfalls nach solchen charakteristischen Stufen bzw. Zuständen Ausschau gehalten, und es wird weiterhin untersucht, ob solche möglicherweise identifizierbaren Zustände der Energiewirtschaft mit den Zuständen der universalen Wirtschaftsentwicklung korrespondieren.

Nach dem bisherigen Stand der Untersuchungen, die in den zurückliegenden Kapiteln angestellt worden sind, müssen solche charakteristischen Zustände der Energiewirtschaft im Umfeld von End- bzw. Verteilungsenergie und Nutzenergie gesucht werden. Die Primärenergie hat sich im Zusammenhang mit dem Wirtschaftsprozeß als ungeeignete Kategorie erwiesen.

Der Beginn menschlichen Wirtschaftens war energetisch durch die Nutzung von Naturenergie gekennzeichnet: die Sonne, der Wind, dürres Holz, die eigene Muskelkraft. Naturenergie ist definitionsgemäß nicht das Ergebnis eines Wirtschaftsprozesses. Daran ändert auch der Umstand nicht viel, daß wahrscheinlich schon sehr frühzeitig beim Holz des Waldes eine gewisse Bearbeitung einsetzte: das Zerkleinern, das Trocknen, das Stapeln. Wesentlich war und blieb zu dieser frühen Zeit die Nutzung von Naturenergie.

In der Folgezeit - und diese Zeit mißt sich nach Jahrtausenden - schälte sich nach und nach aus dem Ensemble der Naturenergien eine heraus, die im Wirtschaftsprozeß eingesetzt wurde und selbst zunehmend Ergebnis eines Wirtschaftsprozesses war. Es handelt sich um die menschliche **Muskelkraft**.

Das bedarf der Erklärung. Muskelkraft des einzelnen Menschen ist selbstverständlich Naturenergie. Das ist auch dann noch der Fall, wenn diese Muskelkraft koordiniert, das heißt im Zusammenwirken mehrerer oder sogar sehr vieler Menschen, eingesetzt wird. Beispiele dafür sind die umfangreichen Bewässerungssysteme, die in frühen Staatsgebilden zur Sicherung der Ernährung errichtet wurden, oder der Bau der ägyptischen Pyramiden. Und doch vollzog sich in dieser Entwicklung auch ein Stück qualitativen Wandels von einer Naturenergie zu einer wirtschaftlichen Verteilungsenergie (Endenergie). Die Willens- und Handlungsfreiheit der eingesetzten Menschen schränkte sich nach und nach ein. Der produzierende Mensch befand sich auf dem Weg von einem freien Wirtschaftssubjekt zu einem Wirtschaftsobjekt, zu einer Sache. Endpunkt dieser Entwicklung war das Sklavendasein, das dann in Griechenland und besonders in Rom in Form der Massensklaverei seinen Kulminationspunkt erreichte.

Sklaven wurden nicht zu Unrecht als bloße „sprechende Werkzeuge" charakterisiert. Ergänzt werden müßte diese Aussage damit, daß sie auch „sprechende Transformationskräfte“ wurden, womit neben der Werkzeugfunktion auch die Kraftfunktion angesprochen wird. Sklaven wurden im antiken Rom komplett für die Sicherung eines großen Teils der Wirtschaftsprozesse eingesetzt. Sie wurden eingesetzt, als wären sie Sachen (im rechtlichen Sinn Eigentumssachen, s. dazu /24/), ganz wie andere Werkzeuge, Geräte und Maschinen oder andere Energien wie Wind und Wasser auch.
Sie übten ohne eigenen Willen die Werkzeug- und die Kraftfunktion im Wirtschaftsprozeß aus. Darin bestand ihr einziger Daseinszweck.
Sklaven - oder präziser, wenn wir vom energiewirtschaftlichen Standpunkt herangehen, die Muskelkraft der Sklaven - sind auch selbst Ergebnis eines Wirtschaftsprozesses. Kriege - lange Zeit hindurch anerkannter menschlicher Erwerbszweig, und das nicht nur im Altertum - wurden eigens dazu geführt, Sklaven zu beschaffen. Sklaven wurden gezüchtet und aufgezogen; die Kinder von Sklaven waren wieder Sklaven. Sklaven wurden auf Märkten gehandelt. Ausgebildet und trainiert wurden sie nur dazu, beim Einsatz im eigenen Haus einen guten Gewinn zu erwirtschaften oder beim Verkauf einen guten Preis zu erzielen.

In der Beschaffung von Muskelkraft durch Wirtschaftstätigkeit besteht der essentielle Unterschied zum entwicklungsgeschichtlich früheren koordinierten Menscheneinsatz mit Nutzung der Muskelkraft, wie sie beim Pyramiden- oder Bewässerungsanlagenbau praktiziert wurde. Dabei handelte es sich um eine Art „Gottesdienst" halbwegs freier Menschen.

Muskelkraft der Sklaven war Handelsware wie andere Waren auch.
Muskelkraft der Sklaven war keine Naturenergie, sondern „erwirtschaftete" Energie. Dafür wird auch der Begriff „fremde“ Energie gebraucht.
Muskelkraft der Sklaven war die erste erwirtschaftete Energie, die einer ganzen Epoche menschlicher Entwicklung das Gepräge gegeben hat.
Muskelkraft der Sklaven war die historisch erste **charakteristische Energie**, der im Verlauf der nachfolgenden Geschichte der Energiewirtschaft noch weitere charakteristische Energien folgten. Auf diese nicht a priori allgemein einsichtige und damit allgemein gebräuchliche „Energiewirtschaft“ des Sklavendaseins wird beispielsweise auch in einer Schrift der Informationszentrale der Energiewirtschaft hingewiesen /34/[1]. „Einer der wichtigsten Faktoren der frühgeschichtlichen Energiewirtschaft war die Sklaverei: Der Mensch selbst diente als Energielieferant.“
Sklaverei zur Römerzeit war Massenerscheinung. Um die Zeitenwende verfügte das Römische Weltreich bei 15-20 Mio. Bürgern über etwa 130 Mio. Sklaven /30/.

Weil diese Muskelkraft mit Personen, die starken persönlichen Bindungen unterlagen, verknüpft war und sich im Ergebnis eines Wirtschaftsprozesses manifestierte, soll sie im folgenden im Unterschied zur Naturenergie Muskelkraft, die nicht Ergebnis eines Wirtschaftsprozesses war und über die alle freien Menschen „von Natur aus“ verfügten, als **gebundene menschliche Muskelkraft** bezeichnet werden.

Als charakteristische Energie sei eine als Verteilungsenergie (Endenergie) ausgewiesene bzw. auf dem direkten Weg von einer Verteilungsenergie zur Nutzenergie liegende Energie bezeichnet, die eine so überragende wirtschaftliche Bedeutung erlangt, daß eine ganze Epoche des Wirtschaftens durch sie geprägt wird.

Sie ist damit Indikator dieser Wirtschaftsepoche. Zugleich ist ihr Einfluß auf das Wirtschaften so groß, daß sie zeitgemäße Wirtschaftsprozesse befördert bzw. überhaupt erst ermöglicht. Letzteres dadurch, daß sie Möglichkeiten für neue Produkte und Verfahren eröffnet, die es vorher nicht gegeben hat, bzw. daß sie eine Produktivität des Wirtschaftens ermöglicht, die vorher undenkbar war.
Es sei an dieser Stelle darauf verwiesen, daß das so skizzierte Sklavendasein nur in Griechenland und dann vor allem in Rom in dieser ausgeprägten Form existierte. Andere zeitgleiche Wirtschaftsorganismen waren durch mehr oder weniger deutlich sichtbare „Abstufungen“ der gebundenen menschlichen Muskelkraft charakterisiert.

---

[1] S. 52.

6.2 Die Folge charakteristischer Energien

Was hat die gebundene menschliche Muskelkraft in der antiken Massensklaverei an wirtschaftlichem Fortschritt, an Innovation gebracht?
Der Produktivitätsfortschritt ist unverkennbar. Massenhafte Anwendung von Sklavenarbeit ermöglichte zum Beispiel eine intensive Landwirtschaft, einen effektiven Bergbau, die Ausführung riesiger Bauprojekte, einen regen Schiffsverkehr mit großen Ruderbooten.
Im Ergebnis des Bergbaus standen wichtige Metalle zur Verfügung (Eisen, Kupfer, Zinn, Blei), s. dazu auch Grafik 5. Der überaus wichtige Werkstoff Holz war ausreichend vorhanden. Steine aus Steinbrüchen ebenfalls. Der Bau von Straßen und der Schiffsverkehr ermöglichte einen bedeutsamen Ausbau des Verkehrs, damit auch des Handels, in dessen Gefolge viele neue Produkte auf römischen Märkten angeboten werden konnten. Der Bau von großen Wasserleitungen, der Bau von Palästen, Tempeln und Städten ermöglichte, das soziale Leben auf eine neue Stufe zu heben.
Das Handwerk, einschließlich der „Massenfertigung" von Töpferware sowie von Kleidung und Schuhwerk, erlebte eine neue Blüte.
Durch Sklavenarbeit war es Rom gelungen, eine beherrschende wirtschaftliche Stellung in der alten Welt einzunehmen und dabei noch deutlich das griechische Vorbild zu übertreffen.

Mit der echten Innovation war es im alten Rom allerdings nicht so weit her wie mit der Produktivitätssteigerung. Massenhafte Anwendung von Sklavenarbeit eignete sich mehr für die quantitative Ausdehnung des Produktionsfeldes, für die Produktivitätssteigerung, wenn die richtige Organisation und der gehörige Nachdruck vorhanden waren, weniger für kreative Leistungen, für Innovation. Sklavenarbeit unter hohem Druck und ohne Aussicht auf Entkommen aus diesem Dasein vernichtet Schöpferkraft. Das Individuum verkümmert in seiner Kreativität und in seinem Antrieb.
Es verwundert daher nicht, daß uns beispielsweise aus der griechischen Antike mehr Erfindungen und originäre Ideen überkommen sind als aus Rom, das die Sklavenwirtschaft zur massenhaften Anwendung und zur Perfektion entwickelt hatte.
In einem weiteren Sinn muß man die griechische und die römische Antike als eine Einheit ansehen. Die wirtschaftlich innovative Frühphase lag in Griechenland; Rom war Fortsetzer und Vollender. Diese Frühphase soll als *primäre Innovation* gekennzeichnet werden.

Die anderen zur gleichen Epoche wie die gebundene menschliche Muskelkraft genutzten Energieträger wie Sonne, Wind, Wasser (präzise: deren Anteil als Verteilungsenergie) oder Brennholz, Pech und Öl sowie auch die Muskelkraft freier Menschen und von Haustieren haben allesamt qualitativ nicht die Bedeutung erlangt wie eben die charakteristische Energie der gebundenen menschlichen Muskelkraft. Sie spielten im Energiemix der Antike eine additive, mithin natürlich durchaus eine wirtschaftlich wichtige, zahlenmäßig möglicherweise sogar überwiegende wichtige Rolle, aber eben keine wirtschaftlich revolutionäre Rolle.

An dem dargestellten Energiemix der Antike hat sich auch im Verlaufe der Jahrhunderte, die nach dem Zusammenbruch des Römischen Imperiums folgten, nichts wesentliches geändert. Gewiß, an die Stelle der Sklavenarbeit trat die Muskelkraft von Leibeigenen. Es blieb aber - von bestimmten persönlichen Lockerungen abgesehen - beim wirtschaftlichen Einsatz der Muskelkraft von persönlich gebundenen Menschen, die ebenfalls, wenn auch in der konkreten Ausgestaltung verändert, Ergebnis eines Wirtschaftsprozesses war.

Gewiß hat es auch Veränderungen gegeben, was den Anteil tierischer Muskelarbeit, insbesondere in der Landwirtschaft, am Energiemix anbelangt; er ist angewachsen. Und auch der Anteil der Muskelarbeit freier Menschen hat zugenommen, vor allem in den Städten (obwohl man bemerken muß, daß auch die Zünfte den Akteuren starke persönliche Bindungen auferlegten).
Der prägende Charakter gebundener menschlicher Muskelarbeit im Wirtschaftsprozeß hielt auch in dieser nachrömischen Epoche bis zum Ende des Mittelalters an.
An einigen Stellen blieb es sogar bei der „klassischen“ Sklavenwirtschaft. Erinnert sei an die „Galeerensklaven“ des Mittelalters und an die Sklaven auf den Baumwollplantagen der Südstaaten der USA.

Erst mit dem **Dampf** trat gegen Ende des 18. Jahrhunderts eine neue charakteristische Energie auf den Plan. Mit geradezu umwälzender Wucht. Die schon zitierte Informationsschrift der Energiewirtschaft meint dazu: „Die Dampfmaschine verdrängte nicht nur Wind- und Wasserkraft, sondern entzog auch der Sklaverei die wirtschaftliche Grundlage“ /34/[2].

Mit Erfindung der Wattschen Dampfmaschine 1769/1777, mit der mehr als ein halbes Jahrhundert intensiver Entwicklungsarbeit mehrerer Ingenieure ihren krönenden Abschluß fand, setzte eine stürmische Nutzung des Dampfes als vervielfachte Kraft zum Antrieb von stationären Produktionsmaschinen, später auch von Schiffen und Eisenbahnen, ein (s. dazu auch Grafik 6). Dabei bestand mit Gewißheit ein innerer Zusammenhang zwischen der Erfindung der Dampfmaschine und der Erfindung von mechanischen Produktionsmaschinen, wie beispielsweise des mechanischen Webstuhls. Die Erfindung der Dampfmaschine war sozusagen geschichtlich herangereift; sie wurde gebraucht. Beide Elemente, die Transformationskraft und die Transformationsmittel, sind Ausdruck für den Entwicklungsstand der Wirtschaftskraft, für ihre produktive Fähigkeit.

---

[2] S. 52.

Der Dampf hatte eine revolutionäre Wirkung auf die Wirtschaft. Nicht nur, daß sie sich in bis dahin nicht gekannter Schnelligkeit mengenmäßig entwickelte, sondern auch qualitativ: eine Innovation jagte die andere. Und schließlich wurden die bis dahin herrschenden Wirtschaftsverhältnisse vollständig umgewandelt. Die erste industrielle Revolution setzte ein. Die Industriegesellschaft wurde geboren und löste die erstarrte Feudalstruktur ab.
In einem übertragenen Sinn kann Dampf als Symbol für die manchester-liberalen Wirtschaftsverhältnisse gelten: vereinzelt, unabhängig, machtvoll, effektiv, rücksichtslos.

Die gebundene menschliche Muskelkraft als die bis dahin herrschende charakteristische Energie wurde in dieser Eigenschaft durch den Dampf verdrängt. Die körperlichen Träger dieser gebundenen Muskelkraft verschwanden als soziale Schicht. Allerdings spielte die Muskelkraft durchaus noch weiter eine wichtige Rolle als Nutzenergie, besonders in der Landwirtschaft, im Handwerk und im Transportwesen. Das jedoch, um es zu wiederholen, nicht mehr als *gebundene* Muskelkraft. Ja, die Muskelkraft bekam sogar im Gefolge des Dampfes eine neue Rolle als Hilfsenergie für den Dampf, nämlich in Form der Muskelkraft der Bergleute, Kohlenschipper und Kesselheizer. Die genannte Hilfsenergie für den Dampf ist natürlich keine Verteilungsenergie, obwohl sich an der physischen Konstitution und dem Energiegehalt nichts geändert hat. Geändert hat sich aber die wirtschaftliche Rolle der Muskelkraft. Der Ausdruck „Hilfsenergie" weist im Grunde darauf hin, daß es sich hier um einen eigenständigen Teil-Produktionsprozeß handelt, in dem mit Hilfe der Transformationskraft „Muskelkraft" aus dem Energiegehalt der Kohle (als Werkstoff) der Energiegehalt des Dampfes (als Produkt) wird.

Neben der Ofenkohle und dem Brennholz zur Dampfdarstellung wurden weitere Träger von Verteilungsenergie genutzt wie beispielsweise Futtermittel zur Darstellung tierischer Muskelkraft oder Nahrungsmittel für die freie menschliche Arbeit oder später das Öl. Nichts war aber so nachhaltig für die Wirtschaft wie der aus Ofenkohle und Brennholz hergestellte Dampf, wenn auch vermutlich quantitativ gegen die anderen genutzten Verteilungsenergien nicht überwiegend. Er hat die Epoche früher Industrialisierung geprägt. Zugleich wurde damit aus dem stinkenden und rußenden „Arme-Leute-Brennstoff" Kohle eine geschätzte Primärenergie.

Etwa ein Jahrhundert nach dem Dampf trat der elektrische **Strom** in die Wirtschaft ein. Auslöser war die umwälzende Erfindung der Dynamomaschine durch Siemens in den Jahren 1866/1868. Mit dieser Erfindung war es möglich, auf einfache Weise Kraft in Strom und Strom in Kraft umzuwandeln. Die schon lange bekannte, aber wirtschaftlich kaum nutzbare Elektrostatik wurde durch die Elektrodynamik abgelöst (s. dazu auch Grafik 7). Damit wirkte der Strom revolutionierend in der Wirtschaft, weil in der Folge der Siemensschen Erfindung Motoren und Generatoren in großem Umfang und in fast beliebiger Größe gebaut werden konnten, die eine bis dahin unbekannte Diversifikation in der wirtschaftlichen Bereitstellung von Nutzenergie, praktisch an jedem beliebigen Ort und spezifisch für jede gewünschte Anwendung, möglich machte. Hinzu kamen noch die neuen Anwendungen von Direktelektrizität, die den Teil des Stroms bezeichnen, der unmittelbar selbst als Nutzenergie in Erscheinung tritt (Telegrafie, Telefonie, Galvanik, Elektrolyse). Die Informationsschrift der Energiewirtschaft schreibt bezüglich der Zeit kurz vor dem 1. Weltkrieg: „Vor allem die Elektrotechnik war zur neuen Schlüsselindustrie geworden" /34/[3]. „Schlüssel"stellung ist mehr ein qualitativer als ein quantitativer Begriff und heißt nicht: ausschließlich oder überwiegend, sondern prägend.

Der Strom löst den Dampf als charakteristische Energie ab. Aber der Dampf verschwindet keineswegs aus der Energiewirtschaft, sondern erlebt vorrangig im Zusammenhang mit dem elektrischen Strom einen neuen Höhepunkt seiner technischen Entwicklung. Die umfangreichsten und effektivsten Dampfanlagen entstehen im 20. Jahrhundert als Dampfturbinen in den Großkraftwerken zur Stromerzeugung. Die anspruchsvollsten Dampfmaschinen sind die Dampflokomotiven in der ersten Hälfte des 20. Jahrhunderts. Zwischen ihnen und der Wattschen Dampfmaschine liegen - technisch gesehen - Welten. Aber die revolutionäre Rolle in der Wirtschaft hat der Dampf im Zeitalter der frühen Dampfmaschinen gespielt, nicht später. Dampf in großen Kraftwerken mit Kohle-, Gas-, Öl- oder Kernreaktorheizung ist nichts anderes mehr als eine für die Energieumwandlung benötigte Hilfsstufe der Stromdarstellung.

Auch der Strom als neue charakteristische Energie hat wirtschaftlich mehr bewirkt als eine bloße technische Umwälzung der Produktionsprozesse. Ebenso wie vorher der Dampf und noch weit früher die gebundene menschliche Muskelkraft (der Sklaven) hat auch der Strom entscheidend dazu beigetragen, die wirtschaftlichen Verhältnisse, unter denen er agiert, grundlegend zu ändern.

Die zweite industrielle Revolution fand statt. Die wirtschaftlichen Verhältnisse, die der Dampf hervorgebracht und begleitet hatte, nämlich die absolute freie Konkurrenz (beispielsweise in seiner Erscheinungsform als Manchesterliberalismus) hatte sich überlebt. Zeitgleich mit der schrittweisen Durchsetzung des elektrischen Stroms als charakteristischer Energie bildeten sich wirtschaftliche Verhältnisse aus, die mehr oder weniger deutlich durch umfassende Marktregulierungsmechanismen, mithin durch das Wirken des Staates zum Setzen von bindenden wirtschaftlichen Rahmenbedingungen, gekennzeichnet waren. Als Extremfall etablierte sich zeitweilig der Staatssozialismus sowjetischer Prägung mit weitgehender Beschränkung individueller wirtschaftlicher Tätigkeit.

An dieser Stelle wird nicht behauptet, daß es etwa der Strom war, der direkt den Wirtschaftsliberalismus abgelöst und durch mehr oder weniger beschränkende staatliche Rahmenbedingungen ersetzt hätte, damit auch eingeschlossen etwa die umgekehrte Behauptung: hätte es den Strom nicht gegeben, dann hätten wir heute

[3] S. 42.

Grafik 4: Windenergienutzung

noch solche Bedingungen wie zur Zeit des Früh- und Hochkapitalismus des 19. Jahrhunderts. Natürlich nicht, einen solchen technisch verursachten Automatismus gibt es nicht.
Aber die Frage ist schon interessant, inwieweit der Strom im 20. Jahrhundert in ein solches verändertes wirtschaftspolitisches Rahmenkonzept gut hineinpaßt, mit seiner Zentralisierung in Erzeugung und Verteilung, mit seinem monopolistischen Gebietsschutz, mit dem Umstand, daß wir in einer ausgemachten Strom-Gesellschaft leben, von der wir alle bis zur Totalität abhängig sind, andererseits natürlich auch mit der Zuverlässigkeit zentral organisierter Versorgung, mit der Möglichkeit, ganz nach Belieben dort und in dem Umfang Strom dem zentralen Netz zu entnehmen, wo und wann und wofür wir ihn brauchen? Strom als Exponent einer bestimmten Wirtschaftsweise und in dieser Funktion zugleich Ausdruck eines Herrschaftsverhältnisses? Wohl nicht zufällig hat die Chance, die im Strom lag, auch der gerade aus der Oktoberrevolution herausgetretene Sowjetstaat sehr schnell erkannt; der Strom wurde kurzerhand usurpiert (s. die bekannte Formel: Kommunismus - das ist Sowjetmacht plus Elektrifizierung des ganzen Landes). In diesem Sinne ist auch der Begriff der kommenden „Elektrokultur" interessant, den bereits frühzeitig Bebel /2/ in einem heute allerdings etwas abwegig anmutenden Zusammenhang geprägt hatte.

Später wird gezeigt, daß sich der Strom auch gut in eine mehr demokratisch verfaßte Wirtschaftsweise einfügt.

Zeitgleich mit dem elektrischen Strom hat sich eine Fülle weiterer Verteilungsenergieträger herausgebildet, die wirtschaftlich genutzt werden, so beispielsweise Öl und Gas sowie Benzin und Diesel, auch Heizdampf und Heizwasser als Nah- und Fernwärme. Keiner dieser wichtigen begleitenden Energieträger hat jedoch wirtschaftlich eine so umwälzende Rolle eingenommen wie eben der elektrische Strom. Ausdrücklich gilt diese Aussage auch für Benzin und Gas, die im Verlauf des 20. Jahrhunderts eine gewaltige Bedeutung erlangt haben. Die Revolution in der Wirtschaft fand aber durch den Strom statt, in der Qualität seines Auftretens, nicht unbedingt in der Quantität.

Die im bisherigen Verlauf der universalen wirtschaftlichen Entwicklung als charakteristisch ausgewiesenen Energien weisen bestimmte Gemeinsamkeiten auf, die es ihnen eben ermöglichten, auf die behandelte Art und Weise wirtschaftlich charakteristisch zu werden. Alle haben besondere Prozeßeigenschaften, die erst in engem Zusammenwirken mit den dazugehörigen Nutzungsgeräten ihre tiefgreifende wirtschaftliche Wirkung entfalten. Ganz normale Verteilungsenergieträger wie die Nahrungsmittel wurden zur gezielt und flexibel einsetzbaren Muskelkraft der Sklaven und versprachen wirtschaftliche Prosperität. Ofenkohle wurde zur vervielfachten Dampfkraft, die Bearbeitungen und Umformungen zuwege brachte, die vorher nicht erzielt werden konnten. Der Strom im Netz ist ohnehin schon von Natur aus

ein vielfältig und diversifiziert einsetzbares energiewirtschaftliches „Universalmedium".
Die bisherigen charakteristischen Energien haben in besonderem Maße etwas Flüchtiges an sich: Strom ist per se flüchtig. Dampf ist es auch, da er nur unter bestimmten physikalischen Bedingungen (Druck, Temperatur), die nur zeitweilig und unter besonderen Umständen aufrechterhalten werden können, wirtschaftlich wirksam ist. Und auch die Muskelkraft der Sklaven des Alten Rom ist in gewissem Sinn flüchtig, da sie im allgemeinen an das Leben bzw. die Gesundheit und im besonderen an das Sklavendasein gebunden ist, alle in ihrer individuellen Ausprägung keine langlebigen „Institutionen".

6.3 Qualitätsstufen charakteristischer Energien

Mit jeder neuen charakteristischen Energie wurde eine neue *Qualitätsstufe* in der wirtschaftlichen Nutzung von Verteilungsenergie erzielt.
Das ist in Tabelle 6.1 angegeben.

Tabelle 6.1: Charakteristische Energie und Qualitätsstufe

Zeit	Charakteristische Energie	Qualitätsstufe
Urzeit	*Naturenergie*	
Zeitwende	(gebundene menschliche) **Muskelkraft**	Anordnung und **Koordinierung** vieler einzelner Kräfte
19.Jahrh.	**Dampf**	**Vervielfachung** der Kraft
20.Jahrh.	**Strom**	Flexibilität und **Diversifizierung** der Energieanwendung
21.Jahrh.	**Wasserstoff ?**	umfassende **Speicherfähigkeit**

Die gebundene menschliche Muskelkraft der Sklaven ermöglichte die **Koordinierung** vieler vorhandener individueller Muskelkräfte im räumlichen Nebeneinanderwirken, aber auch im zeitlichen Nacheinanderwirken im Sinne eines Prozesses, die beide darauf gerichtet waren, das gewünschte Produkt darzustellen.
Der Dampf ermöglichte eine ungeheure **Vervielfachung** von Kraft. Strom ermöglichte eine hohe **Diversifizierung** in der Anwendung von Energie.
Eine nachfolgende Qualitätsstufe schließt die vorangegangenen in ihrer Wirkung ein, fügt jedoch immer ein neues charakteristisches Merkmal hinzu.

Soweit die bisherige Darstellung in der Zusammenfassung. Die Tabelle enthält aber noch ein Element, das bisher nicht behandelt worden ist: den **Wasserstoff**, allerdings mit einem Fragezeichen versehen (s. dazu auch Grafik 8). Dieses Element weist im Unterschied zu den behandelten nicht in die Vergangenheit, sondern in die

Zukunft. Wasserstoff hat sich noch nicht als charakteristische Energie ausgebildet. Es ist heute nicht einmal mit Gewißheit zu sagen, ob er das jemals tun wird. Wichtig ist lediglich an dieser Stelle festzuhalten, daß es 1. mit der in der Tabelle ausgewiesenen umfassenden **Speicherfähigkeit** offenbar eine energiewirtschaftliche Qualitätsstufe gibt, die von den bisherigen charakteristischen Energien nicht (oder noch nicht) ausgefüllt werden konnte und daß 2. der Wasserstoff ein möglicher geeigneter Kandidat dafür sein könnte.

Speicherfähigkeit als neue Qualitätsstufe meint im Unterschied zu bisherigen Möglichkeiten eine Speicherung hoher Dichte für mobile und stationäre Zwecke, die zudem zuverlässig gehandhabt werden sowie bei der die Beladung und die Entladung leicht vonstatten gehen kann.
Die Speicherung muß das Anlegen umfangreicher strategischer Reserven ermöglichen.
In Richtung Speicherfähigkeit sollte man sich auch orientieren, wenn man nach dem künftigen Nutzungsgerät Ausschau hält, das als Schlüsselerfindung die Ära der Wasserstoff-Wirtschaft einleiten müßte.
Mehr zu alledem an späterer Stelle.

Diese eben herausgearbeitete qualitative Folge charakteristischer Energien

(gebundene menschliche) **Muskelkraft - Dampf - Strom - Wasserstoff**

ist nach dem bisherigen Stand der hier beschriebenen Untersuchungen *die energiegeschichtlich wesentliche Energieträgerfolge.* Sie ist in sich konsistent und plausibel. Die Konsistenz ist darin begründet, daß die genannten charakteristischen Energien Endenergien (bzw. Verteilungsenergien) oder auf dem Weg zur Nutzung verwandelte Endenergien (bzw. Verteilungsenergien) sind. Die genannten charakteristischen Energien verkörpern aufsteigende Qualitätsmerkmale. Daher kommt in der Folge eine Entwicklung zum Ausdruck.
Es ist reizvoll, sowohl die Gemeinsamkeiten als auch die Unterschiede zu den früher im Kapitel 3. dargestellten Energieträgerfolgen herauszustellen. Da die einzelnen Elemente der verschiedenen Folgen selbsterklärend sind bzw. im notwendigen Umfang kommentiert wurden, kann jeder Leser diesen Vergleich selbst anstellen.

Die herausgearbeitete Folge charakteristischer Energien könnte nunmehr ihre qualitative Entsprechung in bestimmten charakteristischen Perioden der universalen Wirtschaftsgeschichte finden (s. dazu Anhang 1); in Tabelle 6.2 seien sie noch einmal zusammenfassend genannt.

In der letzten Zeile tragen beide Begriffe gedanklich ein Fragezeichen. Was den Beginn menschlichen Wirtschaftens angeht, die menschliche Urgesellschaft, so gibt es dort noch keine erwirtschaftete Energie; gewirtschaftet wird mit **Naturenergie.**

Die Korrespondenz zwischen charakteristischer Energie und den charakteristischen Wirtschaftsverhältnissen, die hier dargestellt wurde, soll nur als Anhaltspunkt für bestimmte Zusammenhänge, nicht als starrer Automatismus verstanden werden.

Tabelle 6.2: Die Korrespondenz von charakteristischen Energien und bestimmten Wirtschaftsverhältnissen

charakterist. Energie	Wirtschaftsverhältnisse
Muskelkraft	Römisches Imperium bzw. weitere antike Mischwirtschaften
Dampf	1. industrielle Revolution/Industriegesellschaft/Kapitalismus der freien Konkurrenz
Strom	2. industrielle Revolution/staatlich regulierte Wirtschaften bzw. Sowjetimperium
Wasserstoff	Weltwirtschaft

6.4 Die Einordnung der charakteristischen Energie in die Kette der Energieumwandlungen

Nunmehr soll die Stellung der charakteristischen Energie im Umfeld von Verteilungsenergie und Nutzenergie etwas tiefgründiger untersucht werden. Hier werden bestimmte Unterschiede zwischen Muskelkraft, Dampf, Strom und Wasserstoff sichtbar.
Zur Verdeutlichung dient die Tabelle 6.3
In der Mitte sind untereinander die vier charakteristischen Energien aufgeführt. Links davon stehen die bekannten normalen Verteilungsenergien (Endenergien). Rechts steht das letztliche Ziel der gesamten energiewirtschaftlichen Umwandlungskette, die Nutzenergie.

Bezüglich der Muskelkraft treten als normale Verteilungsenergie die Nahrungsmittel auf. Sie werden in einem Wirtschaftsprozeß erzeugt und im Austausch erworben. Erwirtschaftet und erworben werden auch die dazugehörigen „Nutzungsgeräte", die Sklaven. Mit dem Erwerb der Verteilungsenergie und der Nutzungsgeräte kann die charakteristische Energie Muskelkraft dort und dann in den Wirtschaftsprozeß eingesetzt werden, wo bzw. wenn die Nutzenergie Kraft benötigt wird. Weitere Verteilungsenergieträger, die nicht im einzelnen in der Tabelle aufgeführt sind, darunter sind auch Futtermittel für die Darstellung von tierischer Muskelkraft, gestatten letztlich die Darbietung aller zu jener Zeit angewendeten Nutzenergien beim Verbraucher.

Tabelle 6.3: Umwandlungsprozesse von der Verteilungsenergie zur Nutzenergie über die charakteristische Energie

Vorstufen	Verteilungsenergie	Umw.-Gerät	charakterist. Energie	Umw.-Gerät	Umw.-Energie	Umw.-Gerät	Nutzenergie
Energierohstoff und Produkte der Umwandlungsstufen (Primärenergie, Sekundärenergie, ...)	***Nahrungsmittel***	menschl.Körper	***geb.menschl.Muskelkraft***			Armmuskeln	***Kraft***
	andere Verteil. energieträger					weitere Umw.-geräte	Kraft, Wärme, Licht
	Kesselkohle, Brennholz	Kessel	***Dampf***			Dampfmaschine	***Kraft***
	andere Verteil. energieträger					weitere Umw.-geräte	Kraft, Wärme, Licht
	Strom		***Strom***			Motor, Glühlampe Heizwiderstand,...	***Kraft, Wärme Licht,...***
	andere Verteil. energieträger					weitere Umw.-geräte	Kraft, Wärme, Licht
	Wasserstoff		***Wasserstoff***			Motor, Kessel	***Kraft, Wärme***
				Brennstoffzelle, Turbine, Motor,...	***Strom***	Motor, Glühlampe Heizwiderstand,...	Kraft, Wärme, Licht
	andere Verteil. energieträger					weitere Umw.-geräte	Kraft, Wärme, Licht

Bezüglich des Dampfes erfolgt die Gewinnung aus den normalen Verteilungsenergieträgern Ofenkohle und Brennholz mit Hilfe des Nutzungsgerätes Dampfkessel. Der Dampf seinerseits gestattet über die Dampfmaschine in der Hand des Verbrauchers am gewünschten Ort und zur gewünschten Zeit die Darbietung der Nutzenergie Kraft(anwendung). Auf dem Markt angeboten werden also die Brennstoffe und die Dampfmaschine.
Weitere Verteilungsenergieträger stellen die weiteren erforderlichen Nutzenergien bereit.

Während danach bei der Muskelkraft und dem Dampf die charakteristische Energie im wesentlichen erst in der Hand des Verbrauchers dargestellt wird, wird der elektrische Strom schon im wirtschaftlichen Vorfeld dargestellt und als Wirtschaftsgut gehandelt. Zum Vergleich: Dampf und Armmuskeln werden praktisch nicht selbst gehandelt, sondern gehandelt werden die „Nutzungsgeräte" Dampfmaschine und Sklaven (und natürlich die dazugehörigen Verteilungsenergien). Charakteristische Energie, Nutzungsgerät und die dazugehörigen Verteilungsenergien bilden jeweils eine eng miteinander verflochtene wirtschaftliche Einheit. Erst in dieser Einheit konnten solche eher „unauffälligen" Verteilungsenergien wie Nahrungsmittel und Ofenkohle ihre große wirtschaftliche Wirkung entfalten.

Schließlich wird voraussichtlich Wasserstoff - wenn er denn die nächste charakteristische Energie sein sollte - ebenfalls im wirtschaftlichen Vorfeld dargestellt und dann in der Hand des Verbrauchers direkt oder über den elektrischen Strom in alle benötigten Nutzenergien umgewandelt. Vermutlich wird der Verbraucher von Wasserstoff nicht mehr ein End- oder Kleinverbraucher sein, sondern ein großer bzw. großflächig tätiger Verbraucher, der seinerseits die weitere Verteilung, insbesondere des aus Wasserstoff erzeugten Stroms, vornimmt. Der so aus Wasserstoff gewonnene elektrische Strom ist dann aber keine Verteilungsenergie mehr - das ist der Wasserstoff -, sondern Umwandlungsenergie (eine zur Energieumwandlung benötigte Hilfsstufe), diesmal allerdings zwischen charakteristischer Energie und Nutzenergie, also *nach* der charakteristischen Energie und nicht - wie der Dampf bei der Stromgewinnung - in der Umwandlungskette *vor* der charakteristischen Energie liegend. Auch hieran wird noch einmal deutlich, daß einem physischen Energieträger keineswegs für immer die Eigenschaft Verteilungsenergie (bzw. Endenergie) zuerkannt werden kann, sondern daß diese Zuerkennung immer von der wirtschaftlichen Stellung des jeweiligen Energieträgers abhängt.
Im Falle der charakteristischen Energie Wasserstoff ist eben Wasserstoff derjenige Energieträger, der als Verteilungsenergie gehandelt wird, und zwar *weltweit* gehandelt wird.

Diese Einstufung des aus Wasserstoff gewonnenen elektrischen Stroms als Umwandlungsenergie und nicht als Verteilungsenergie (Endenergie) ist nicht ohne weiteres plausibel und bedarf daher einer tieferen Untersuchung. Augenscheinlich wäre zunächst doch, daß der Strom weiter Endenergie ist, da er technisch die letzte Stufe vor der Umwandlung in Nutzenergie darstellt. Insofern träte der Wasserstoff lediglich an die Stelle des bisher benutzten Erdgases oder der Ofenkohle oder der Wasserkraft oder der Kernenergie oder bestimmter anderer, regenerativer Energien, und der Strom bliebe das, was er heute schon ist: eine Endenergie. Tatsächlich ergibt sich jedoch eine umwälzende Veränderung der wirtschaftlichen Position des Stroms. Sie ist allerdings nicht aus der physischen Konstitution des Stroms oder aus der heutigen wirtschaftlichen Einbindung des Stroms zu erklären, sondern nur mit Hilfe der qualitativen Veränderung der herrschenden Wirtschaftsverhältnisse, wie sie für den ins Auge gefaßten Zeitraum unter bestimmten Umständen als voraussichtlich angenommen werden kann. Damit ist selbstverständlich diese Aussage nicht als quasi-naturgesetzlicher Tatbestand, sondern zwangsläufig als mit einem hohen Anteil Ungewißheit bzw. Wahrscheinlichkeit versehen zu werten.

Offenkundig ist zunächst einmal, daß für eine Reihe von Anwendungen der Wasserstoff direkt, ohne den „Umweg" über den Strom zu nehmen, in Nutzenergie umgewandelt werden kann und damit sein primäres Innovationspotential ausspielt. Das reicht zur Erklärung noch nicht, denn es würde nur bedeuten, daß es zu der in Betracht gezogenen zukünftigen Zeit möglicherweise zwei charakteristische Energien nebeneinander geben würde, was zwar aus historischer Sicht ungewöhnlich, jedoch nicht von vornherein ausgeschlossen ist. Eine ganz wesentliche Rolle spielt die Größe des Marktes, in dem sich die Wirtschaft abspielt. Es wird sich um eine Weltwirtschaft handeln, das heißt die Wirtschaftsfläche ist die Erdkugel, und der relevante „Wirtschaftsorganismus" umfaßt die gesamte Menschheit. Ein weltumspannendes einheitliches elektrisches Netz ist aus gegenwärtiger Sicht vermutlich weder technisch noch wirtschaftlich effektiv. Ein weltumspannendes Versorgungssystem auf der Grundlage von molekularem oder chemisch gebundenem Wasserstoff ist jedoch durchaus als sinnvoll vorstellbar. Und das insbesondere unter dem Aspekt strategischer Energiereserven, die saisonale, regionale und globale Ungleichmäßigkeiten bei Gewinnung und Verbrauch auszugleichen und technologische Großvorhaben von universalem Ausmaß in Angriff zu nehmen gestatten.

Damit sind gewiß grundsätzliche Veränderungen der Wirtschaftsverhältnisse im Vergleich zu den heutigen verbunden. Eine solche, möglicherweise radikale Änderung mag zwar aus heutiger Sicht utopisch erscheinen. Wenn man jedoch eine Reihe bereits heute sichtbarer Entwicklungstrends vorurteilsfrei und objektiv betrachtet, dann verliert dieser qualitativ neue Zustand schrittweise etwas von seiner Exotik und rückt in die Nähe des Vorstellbaren. Bereits vor einigen Jahren hat Marchetti /19/[4] von dem in diesem Zusammenhang erforderlichen Umbau der Organisationsform der Wirtschaft (nicht etwa im Sinne eines zentralisierten Staates!) gesprochen, nämlich „...dass wir zu der Schlußfolgerung kommen können, dass die Globalisierung der Energieproduktion...tatsächlich Anlass zur Schaffung einer...Weltbehörde geben wird".

[4] S. 522.

Grafik 5: Gebundene menschliche Muskelkraft - die historisch erste charakteristische Energie
(nach einer antiken Vorlage)

Auf jeden Fall aber bezieht sich die Aussage zur neuen charakteristischen Energie gerade auf einen solchen Zustand der Wirtschaftsverhältnisse. Darüber hinaus läßt eine solche „Weltwirtschaft“ darauf schließen, daß mit dieser Entwicklungsstufe der Menschheit dann das bisherige „Wirtschaften“ als besondere soziale Institution der Menschheit zu Ende geht und die Menschheit in eine neue Stufe ihrer Entwicklung eintritt.
Für welche Eigenschaft von Wirtschaftsverhältnissen mag nun Wasserstoff als Symbol stehen? Am ehesten wohl für die Universalität und die Flexibilität.
In diesem Zusammenhang sei wiederum auf die universalwirtschaftlichen Darlegungen des Anhangs 1 zu diesem Buch hingewiesen. Die künftige mittel- und langfristige energiewirtschaftliche Entwicklung kann nicht unabhängig von solchen universalwirtschaftlichen Untersuchungen dargestellt werden.

Ergänzend zur Definition eingangs dieses Kapitels kann nunmehr eine charakteristische Energie wie folgt beschrieben werden:
Sie kommt in der Natur auf der Erde nicht vor, sondern ist Ergebnis eines Wirtschaftsprozesses. Sie ist eine Energie, die in der universalen Wirtschaftsentwicklung als Folge einer Schlüsselerfindung explosionsartig in Erscheinung tritt und die wegen ihres Innovationspotentials mit einer revolutionierenden Umgestaltung der historisch bestimmten materiellen Wirtschaftskraft und der Wirtschaftsverhältnisse verbunden ist.
Sie ist entweder selbst eine handelsübliche Verteilungsenergie oder sie wird unmittelbar in der Hand des Verbrauchers aus einer solchen dargestellt; damit dient sie dazu, handelsübliche Verteilungsenergie optimal und bedarfsgerecht in die gewünschte Nutzenergie zu transformieren.
Sie ist qualitativ als revolutionierend einzustufen; quantitativ bleibt sie nur ein Teil der jeweils genutzten Verteilungsenergien (in der Regel deutlich unter 50 %).
Sie hat den Charakter eines wirtschaftlichen Katalysators.
In der Regel findet beim Endverbraucher keine Vorratshaltung an charakteristischer Energie statt.

7 Quantitative Entwicklung

7.1 Energieentwicklung in globaler Sicht

Wenn es im Verlauf der Energiegeschichte mehrere Qualitätsstufen an charakteristischer Energie gegeben hat, die jeweils von einer ganz individuellen charakteristischen Energie geprägt waren, und wenn solche charakteristischen Energien in einem gewissen Umfang mit bestimmten eigentümlichen Wirtschaftsverhältnissen korrespondieren, dann ist das offenbar nicht alles bloßer Zufall. Es lohnt daher, nach weiteren Gesetzmäßigkeiten der universalen Energieentwicklung zu suchen. Beispielsweise liegt dann die Frage nahe, ob sich eine solche verborgene Gesetzmäßigkeit auch im quantitativen Bereich nachweisen läßt. Konkret heißt das in etwa: lassen sich bestimmten historischen Epochen auch bestimmte charakteristische Verbräuche an Energie zuordnen?

Als Maß für einen solchen potentiellen charakteristischen Energieverbrauch wird der *spezifische Verbrauch an Verteilungsenergie*, das heißt der Verbrauch je Kopf der Bevölkerung, die in einem bestimmten historisch definierten Wirtschaftsorganismus lebt und wirkt, gewählt. Dieses Maß gestattet, die im historischen Ablauf sehr unterschiedliche Größe eines Wirtschaftsorganismus und der in ihm lebenden Personen gewissermaßen für einen Vergleich zu normieren.
Warum aus der Kette der technischen Energieumwandlungen gerade die Verteilungsenergie als charakteristisch für die Wirtschaft ausgewählt wird, ist im Kapitel 4 hinreichend begründet.

Der Beginn menschlichen Wirtschaftens ist augenscheinlich relativ leicht zu beschreiben. Der Mensch verfügte als Naturenergie im wesentlichen über die eigene Muskelkraft. Hinzu kam noch in einem bestimmten Umfang die Nutzung von Sonne und Wind. Dazu noch das je nach geografischer Lage mehr oder weniger zur „Raumheizung“, zur Nahrungszubereitung und zur Beleuchtung benutzte Brennholz bzw. eine bestimmte sonstige Biomasse. Das ist augenscheinlich. Man wird jedoch gleich sehen, wie empfindlich gerade dieser energetische „Urbedarf“ die nachfolgenden Verbrauchsgrößen hinsichtlich ihrer Beschreibung beeinflußt.

Mit den Zahlenwerten für die individuelle menschliche Muskelkraft beginnt bereits das quantitative Dilemma. Die Angaben über die biologisch bedingte menschliche Dauerleistung schwanken sehr stark. Das reicht in der Literatur von 35 W bis zu 300 W. Dabei dürfte der obere Wert mit etwa 0,4 Pferdestärken allerdings etwas aus der Reihe fallen! Vielleicht kann man unseren Vorfahren mehr Kraft als uns Menschen heute, wohl aber kaum mehr Ausdauer zutrauen.
Denn es kommt hinzu, wie lange eine solche Dauerleistung, beispielsweise über ein Jahr, ausgeübt wurde. Gewiß, Urlaub gab es noch nicht. Aber man darf keineswegs

davon ausgehen, daß unsere Vorväter tagaus tagein vom Sonnenaufgang bis zum Sonnenuntergang nur geschuftet haben. Festliche Gelage und stunden- bis tagelange Palaver gehörten offenbar zum Tagesablauf, insbesondere nach erfolgreicher Jagd. Auch die reine Ortsveränderung, ohne Arbeit, nahm viel Zeit in Anspruch. Das heißt, es kann hier keine *biologisch* fundierte Dauerleistung angesetzt werden, sondern nur eine *sozial* bestimmte, die natürlich auf der biologischen aufbaut.
Für die weiteren Betrachtungen wird von einer sozial bestimmten produktiven Dauerleistung in der entwickelten Urgesellschaft (um 10000 v.u.Z.) von 50 W und das über durchschnittlich 10 Stunden am Tag ausgegangen. Das sind dann etwa 180 kWh im Jahr.
Hinzu kommen dann die erforderlichen Zuschläge für die wirtschaftliche Nutzung weiterer Naturenergien. Naturgemäß sind hier die Schwankungen ebenfalls sehr groß, zumal wenn man einen Schnitt über die geografischen Ausbreitungsgebiete menschlicher Urgesellschaften ziehen will. Dann muß noch beachtet werden, daß nicht der Verbrauch von Primärenergie interessiert, sondern der Verbrauch an umgewandelter bzw. genutzter Energie, der in etwa der Endenergie (Verteilungsenergie) entspricht. Das bedeutet zum Beispiel bei der rechnerischen Einbeziehung des Feuers (das heißt des Energiegehalts des Brennholzes), daß der durchschnittliche damalige Wirkungsgrad berücksichtigt werden muß.
Andererseits muß man, was das Verhältnis von Muskelkraft zu den anderen Naturenergien anbelangt, eine später hier dargelegte Erkenntnis mit beachten, daß nämlich der Verbrauch an „charakteristischer Energie" niemals in der Geschichte den größten Teil des jeweiligen wirtschaftlichen Energieverbrauchs ausmacht, sondern daß der Anteil der charakteristischen Energie in der Regel unter 50 % liegt. (Dabei wird natürlich nicht vergessen, daß der Vergleich mit der späteren charakteristischen Energie nur ein Analogieschluß ist, da definitionsgemäß charakteristische Energie eine erwirtschaftete Energie und keine Naturenergie ist.)

Mit diesen Annahmen ergibt sich ein durchschnittlicher Pro-Kopf-Verbrauch in der entwickelten Urgesellschaft von etwa

500 kWh

Der Vollständigkeit halber muß gesagt werden, daß Literaturangaben zu diesem Verbrauch bis zu einer Höhe von 815 kWh gefunden worden sind. Nach unten etwa 200 kWh. Da jedoch alle Quellen von mehr oder weniger plausiblen Annahmen ausgehen, die jedoch kaum meßtechnisch nachgeprüft werden können, muß eben ein „vernünftiger" Wert unter plausiblen Annahmen festgelegt werden.

Es wird in dieser Arbeit darauf verzichtet, die einzelne Literaturquelle für den einen oder anderen Wert explizit anzugeben. Die Quelle würde aus den genannten objektiven Gründen keinen brauchbaren „Autoritätswert" haben. Statt dessen wird

die Plausibilität der getroffenen Annahmen diskutiert, und der Leser kann bei eigenen Recherchen diese hier dargestellte Plausibilität überprüfen.
Auf Grund der geschilderten Unzulänglichkeit der Erfassung können größere Abweichungen bei weiteren Untersuchungen also keineswegs ausgeschlossen werden. Aber ein Hinweis sei angebracht: die dargestellte Größenordnung dürfte stimmen. Eine Zehnerpotenz weniger würde nicht einmal das jährliche Arbeitsvolumen eines Menschen ausmachen. Und eine Zehnerpotenz mehr würde offenbar schon den durchschnittlichen Pro-Kopf-Energieverbrauch des Mittelalters (der der Erfassung deutlich besser zugänglich ist) überschreiten.
Noch einmal zur Klarheit: der ausgewiesene Wert von 500 kWh ist keine Verteilungsenergie, sondern im wesentlichen Naturenergie. Ihm liegen jedoch die individuelle menschliche Muskelkraft und weitere energetische Elementarbedürfnisse zugrunde, womit dieser Zahlenwert sozusagen als ein „Basiswert" für weitergehende Untersuchungen dienen kann.

Mit gleichem Herangehen wurden aus unterschiedlichen Literaturquellen Energieverbrauchswerte der Römerzeit in einer Spanne von 1400 kWh bis 2000 kWh je Jahr und je Kopf der Bevölkerung gefunden. Diesmal handelt es sich ausdrücklich und tatsächlich um Verteilungsenergie.
Als charakteristisch wurde ein Wert von

2000 kWh

ausgewählt.
Ein solcher jährlicher Pro-Kopf-Verbrauch an Verteilungsenergie (Endenergie), der für eine Epoche charakteristisch ist, soll künftig als ***charakteristischer spezifischer Energieverbrauch*** bezeichnet werden.

Der Begriff „charakteristisch" heißt in diesem Zusammenhang weder „durchschnittlich" noch „maximal". Er soll den Energieverbrauch einer Epoche charakterisieren und damit deren Wirtschaftsverhältnisse und den erreichten Entwicklungsstand der Wirtschaftskraft widerspiegeln. Er meint damit auch die für die jeweilige Epoche charakteristischen Wirtschaftsverhältnisse, das sind in der Regel die fortgeschrittenen, nicht die zurückgebliebenen. Und er meint die jeweils zeitgemäßen, technisch und wirtschaftlich möglichen Umwandlungswirkungsgrade. Damit ist Energieverschwendung von vornherein ausgeschlossen.

Für die 1. industrielle Revolution wurden in unterschiedlichen Quellen Literaturwerte von etwa 6000 kWh bis 8000 kWh, wobei selbstverständlich Primärenergie in Verteilungsenergie umgerechnet werden mußte, gefunden. Als charakteristisch wurde ein Wert von

8000 kWh

ausgewählt. Und schließlich wurde für das Ende des 20. Jahrhunderts aus einer großen Spanne, die von etwa 10000 kWh bis zu 70000 kWh reicht - je nach Land, das in die Betrachtungen als charakteristisch einbezogen wurde -, ein Wert von

32000 kWh

als charakteristisch ausgewählt.

Spitzenwerte in dieser Spanne markieren die USA; sie können nicht als charakteristisch für unsere Epoche gewertet werden. Am unteren Ende liegen die unterentwickelten Länder; auch sie können im Sinne der von uns getroffenen Definition nicht als charakteristisch für den Energieverbrauch unserer Epoche angesehen werden.

Die ausgewählten charakteristischen Werte sind in der Abb. 7.1 bildlich dargestellt.

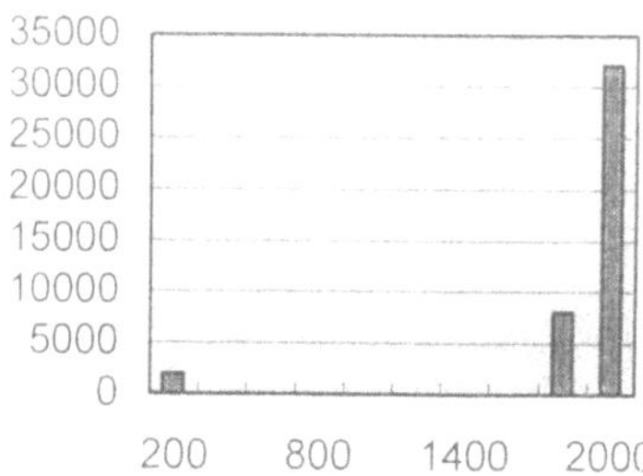

Abb. 7.1: Charakteristischer spezifischer Energieverbrauch von der Römerzeit bis heute

Sie folgen augenscheinlich einer exponentiellen Entwicklung. Das ist außerordentlich bedeutsam, jedoch nicht überraschend. Ganz wichtig ist nun, wie sich die Entwicklung weiter vollziehen wird. Denkbar sind zwei grundsätzliche Ansätze: entweder die exponentielle Entwicklung setzt sich fort, zeitlich unbegrenzt, was nicht wahrscheinlich ist; oder die Entwicklung mündet in eine Sättigung, jetzt unmittelbar oder später; die Sättigung ist prinzipiell plausibel. Diese zwei Ansätze sind in der nächsten Abbildung schematisch dargestellt (Abb. 7.2).

Eine definitive Entscheidung kann beim jetzigen Stand der quantitativen Untersuchungen nicht getroffen werden. Zwei Wege können zum Ziel führen: weitergehende Modellüberlegungen, wie sie im Anhang 1 enthalten sind, und die Analyse aktuellen wirtschaftsstatistischen Materials.

Einen qualitativen Hinweis darauf, wie es weiter gehen könnte, gibt natürlich die im vorigen Kapitel untersuchte charakteristische Energie. Danach folgt dem Strom noch eine weitere Energiestufe. Auch sie könnte dann, wie alle anderen charakteristischen Energien auch, durch einen eigenen charakteristischen Verbrauch ausgezeichnet sein.

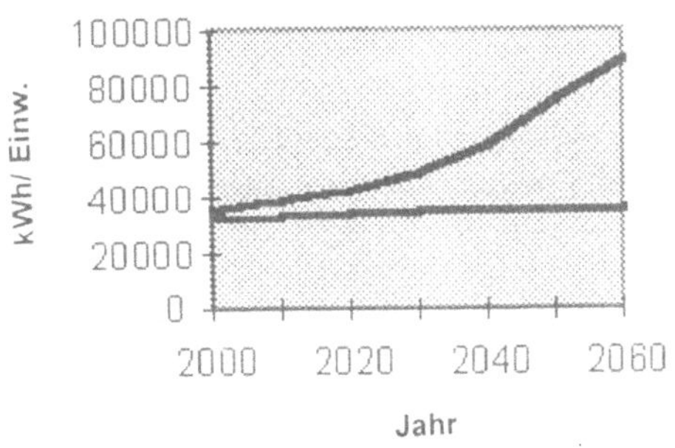

Abb. 7.2: Sättigung (untere Kurve) oder weitere exponentielle Entwicklung (obere Kurve)?

Diese Schlußfolgerung wird mit Hinweis auf den bereits genannten Anhang 1 unterstützt. Dort wird aus dem Modell nach heute ein neuer Grundzustand der wirtschaftlichen Evolution und ein zeitlich davor liegender Zwischenzustand abgeleitet. Dieser neue Grundzustand wäre dann in Übereinstimmung mit der bisherigen wirtschaftshistorischen Folge durch eine eigenständige charakteristische Energie und durch einen eigenständigen charakteristischen Energieverbrauch gekennzeichnet.

Betrachtet man noch einmal die eben analysierte Verbrauchsreihe, könnte daraus abgeleitet werden, daß die aufeinanderfolgenden Zahlenwerte keineswegs zufällig so und nicht anders lauten. Das soll etwas näher betrachtet werden.

Es gibt zwar für die Auswahlwerte innerhalb der jeweiligen Spannen durchaus Anhaltspunkte dafür, ob sie denn eher am unteren Ende der Spanne oder am oberen Ende oder mehr in der Mitte liegen sollten. Letztlich ist aber zugegebenermaßen die „gültige" Auswahl des genauen Zahlenwerts in dieser Arbeit auch danach erfolgt, daß er sich relativ zwanglos in eine Reihe ordnen ließ, die immerhin über mehrere wirtschaftliche Epochen hinweg reicht. Genau diese Reihe widerspiegeln die Zahlen

2000 - 8000 - 32000

Sie läßt sich wie folgt als Formel darstellen:

$$\varepsilon_i = a \cdot x^{i-1}$$

mit ε_i - charakteristischer spezifischer Energieverbrauch im Zustand i

$a \cong 500$ kWh

$x = 4 \pm 1$

$i = 1,2,3,4$

Die Konstante a kennzeichnet den Basiswert des Energieverbrauchs je Kopf und Jahr in der entwickelten Urgesellschaft. Die Größe x repräsentiert einen Zahlenwert, der zwischen 3 und 5 liegt, mit dem Schwergewicht auf dem Wert 4. Das ist der Multiplikationsfaktor, der den nächsten energetischen Zustand im jährlichen

Pro-Kopf-Verbrauch vom vorhergehenden unterscheidet (geometrische Progression). Die Reihe endet bisher mit i = 4.

Nimmt man probeweise an, daß der spezifische Energieverbrauch weiter exponentiell anwächst und es einen neuen charakteristischen Wert (für eine zeitliche Epoche nach der gegenwärtigen) gibt, dann errechnet sich für i = 5 dieser neue charakteristische spezifische Energieverbrauch nach der angegebenen Formel zu 128 000 kWh.
Dieser Sachverhalt ist bildlich in Abb. 7.3 wiedergegeben.
Zur gewählten Abszisse eine notwendige Bemerkung: sie ist linear und würde so - wie sie dargestellt ist - äquidistante Zeitabschnitte oder eine andere in sich gleichgewichtige lineare Maßeinheit voraussetzen. Dem ist in Wahrheit nicht so. Die Zeitabschnitte sind extrem unterschiedlich. Die Zeitspanne um ***A*** beträgt mehr als 1 Million Jahre. Um ***B*** beträgt sie etwa 2000 Jahre, um ***C*** etwa 120 Jahre, um ***D*** etwa die gleiche Zeit. Der Punkt ***E*** ist noch nicht definiert und im Vorgriff auf anschließende Betrachtungen der Vollständigkeit halber aufgenommen worden. An diesem Punkt verliert der Zeitbegriff sogar seine Bedeutung, weil das Wirtschaften als soziale Organisationsform ihrem Ende zu geht.

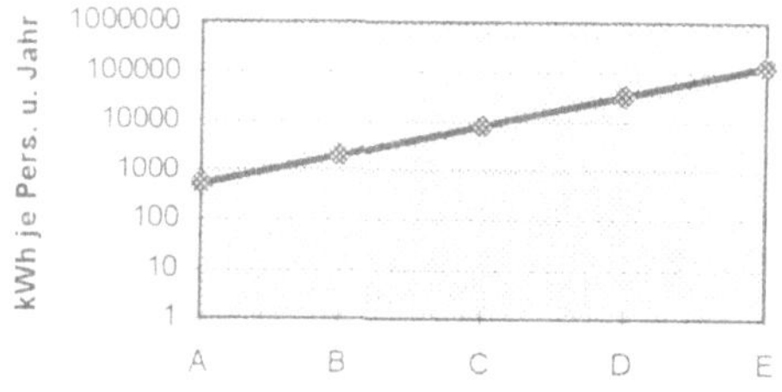

Abb. 7.3: Anstieg des charakteristischen spezifischen Energieverbrauchs

Qualitativ in sich „gleichgewichtige“ Perioden anstelle der Zeit sind nach dem vorangegangenen Kapitel zwar denkbar, müssen aber erst noch verifiziert werden. Dennoch ist die in der Abbildung gewählte Verfahrensweise sinnvoll, da ein linearer Zeitmaßstab die gleiche exponentielle Entwicklung wiedergeben würde, jedoch am rechten Ende zu einer praktisch senkrecht aufsteigenden Geraden „verkürzt“ und damit unanschaulich (die Zeiten 2000 und 120 sind klein gegen 1 Million).
Unter Berücksichtigung der eben empirisch abgeleiteten Formel wird der bisherige charakteristische spezifische Energieverbrauch noch einmal zusammenfassend in Tabelle 7.1 dargestellt. Dieser charakteristische Energieverbrauch ist zeitlich zugeordnet worden, und es wurden die zu dieser Zeit herrschenden Wirtschaftsverhältnisse genannt, ebenso die herausgearbeitete charakteristische Energie.
Auch in dieser Tabelle wurde wieder ein Blick über das Vergangene hinaus in die Zukunft getan. Dahinter verbirgt sich eben die Vermutung, daß auch aus quantitativer Sicht mit den gegenwärtigen Verhältnissen noch nicht das Ende der Entwicklungsreihe erreicht ist.
Diese Vermutung ist später noch zu verifizieren.

(Diese Tabelle und die ihr zugrundeliegende Formel wurden vom Verfasser erstmals in einem Vortrag an der Technischen Hochschule Zittau 1989 der Öffentlichkeit vorgestellt /4/.)

Tabelle 7.1: Charakteristischer spezifischer Energieverbrauch im Verlauf der Wirtschaftsgeschichte

Energie-zustand	**Zeit**	**Wirtschaftsverhältnisse**	**charakt. Energie**	**char.spez. Energ.verbr. [kWh]**
1	*Urzeit*	*Urgesellschaft*	*Naturenergie*	500
2	Zeitwende	Röm. Imperium	Muskelkraft	2000
3	19.Jahrhdt.	1.industr.Revolution	Dampf	8000
4	20.Jahrhdt.	2.industr.Revolution	Strom	32000
5	21.Jahrhdt.	Weltwirtschaft	Wasserstoff	128000

Der Blick in die Zukunft verrät nicht mehr und nicht weniger, als daß aus historischer Sicht der charakteristische spezifische Energieverbrauch eines künftigen energetischen Zustands deutlich höher liegen könnte als der heutige. Definiert man den gegenwärtigen spezifischen Energieverbrauch im Durchschnitt der sogenannten „Industrieländer" mit etwa 32000 kWh als charakteristisch für unsere Epoche, so wird der nächste energetische Zustand, der möglicherweise qualitativ durch die Verteilungsenergie Wasserstoff gekennzeichnet ist, im spezifischen Verbrauch den „Faktor vier" betragen. Das heißt, um etwas anschaulich zu bleiben, daß dieser Energieverbrauch dann fast das Doppelte dessen beträgt, was in den USA heute üblich - und für unsere Epoche als *nicht* charakteristisch bezeichnet - ist. Aus dieser Sicht müßte man alle Vorstellungen, man könne den Energieverbrauch wieder „zurückdrehen" oder sogar halbieren, als Illusion einstufen. Dieses Problem, und was es für die Ressourcen der Erde, für die natürliche Umwelt, für die Lebensqualität und für die Wirtschaft bedeutet, soll hier nicht weiter kommentiert werden, sondern späteren Kapiteln vorbehalten bleiben.

Der Anstieg des charakteristischen spezifischen Energieverbrauchs, der zwischen den einzelnen ausgewiesenen energetischen Zuständen jeweils das Vierfache des vorangegangenen beträgt, bedeutet eine exponentielle, mithin deutlich über dem *linearen* Anstieg liegende Entwicklung. In logarithmischer Darstellung ist dieser Sachverhalt in der Abb. 7.3 als Gerade wiedergegeben.

Gleichgültig, ob man den hier konkret abgeleiteten quantitativen Beziehungen mit der angegebenen Formel und dem Wachstumsfaktor vier folgen kann oder ob sie sich zukünftig in dieser Form nicht als voll belastbar erweisen sollten, bleibt aber festzuhalten, **daß sich der bisherige spezifische Energieverbrauch der Menschheit grundsätzlich exponentiell entwickelt hat**. Weiter unten in diesem

Kapitel werden dazu ergänzend zwei Entwicklungsreihen anderer Autoren betrachtet.

Fazit: der Mensch verbraucht heute ein Vielfaches an Energie im Vergleich zu früheren Entwicklungsperioden, und er wird vermutlich künftig noch mehr verbrauchen als heute. **Damit ist der so ausgewiesene charakteristische spezifische Energieverbrauch - ganz sachlich festgestellt, ohne jede „moralisierende" Wertung - ein Gradmesser der wirtschaftlichen Fähigkeit des Menschen, des Anstiegs seiner Wirtschaftskraft und damit des wirtschaftlichen Fortschritts**.

Natürlich erhebt sich nunmehr die Frage: geht diese Entwicklung endlos weiter? Wird der charakteristische spezifische Energieverbrauch letztlich ins Unendliche anwachsen?
Keineswegs.
Deshalb wurde die quantitative Untersuchung in diesem Kapitel auch mit der Extrapolation auf den Wert i = 5 beendet. Das ist natürlich noch keine Antwort auf die gestellte Frage, denn sonst entstünde ja sofort die neue Frage, warum wird die Reihe nicht bei i = 4 oder bei i = 6 oder noch später beendet.
Einen Hinweis darauf, daß noch eine neue Stufe der Entwicklung der Energiewirtschaft, aber eben auch nur eine Stufe, dem heutigen Entwicklungsstand folgt, ergab sich aus der Untersuchung der qualitativen Energieentwicklung, nämlich mit der mit „Speicherfähigkeit" bezeichneten Qualitätsstufe, die bis heute noch nicht erreicht ist. Um die gestellte Frage vollständig beantworten zu können, muß man die universale Wirtschaftsentwicklung (s. Anhang 1) betrachten. Nur dann erhält man eine möglicherweise befriedigende Antwort. Mit der nächsten Entwicklungsstufe der universalen Wirtschaftsentwicklung, die dann zugleich auch eine energiewirtschaftliche Entwicklungsstufe (nach Qualität und Quantität) darstellt, wird ein Zustand wirtschaftlicher Evolution erreicht, der sich nicht mehr auf traditionelle Weise fortsetzt, sondern eine prinzipiell neue Entwicklungs*qualität* erreicht. Diese neue Entwicklungsqualität ist nicht mehr eine vorrangig wirtschaftliche, das heißt, das Wirtschaften als soziale Institution der Menschheit wird zu Ende gehen. Damit gibt es dann auch keine neue Entwicklungsstufe der energiewirtschaftlichen Entwicklung, die ja integraler Bestandteil der universalwirtschaftlichen Entwicklung ist.
Das heißt, aus dieser Sicht ist die nächste Entwicklungsstufe zugleich auch die letzte dieser Reihe.

Zum Vergleich seien zwei andere quantitative Energieträgerfolgen kurz dargestellt. Die eine wird bei Korff /16/ zitiert:

- Urzeit 0,2 t SKE je Kopf und Jahr
- Jäger und Sammler 0,5 t " "
- einfache Landwirtschaft 1 t " "

- fortschrittliche Landwirtschaft 1,8 t " "
- industrielle Revolution 4,1 t " "
- industrielle Neuzeit
  (USA) 12 t " "

Diese Energieangaben sollen Nutzenergien darstellen, jedoch ohne den Energieverbrauch der Menschen an pflanzlicher und tierischer Nahrung (ca. 0,1 t SKE), dafür aber unter Einschluß des Energieaufwands für die Nahrungsveredelung und für die Nahrungszubereitung. Bei Wertung der angegebenen Zahlen ist vermutlich doch - wenigstens teilweise - ein Stück Primärenergie mit hineingerutscht. Was die Werte für die USA angeht, so können sie meines Erachtens nicht als repräsentativ für die „industrielle Neuzeit" angesehen werden. Hier ist ein Stück Energieverschwendung unübersehbar.

Eine andere Reihe verwendet den Begriff des „Energiesklaven", um die zeitliche Folge des Primärenergieverbrauchs pro Kopf darzustellen /30/:

- Menschwerdung/Sammler (ohne Feuer) 1Energiesklave (ca. 60 W)
- Jäger (mit Feuer; Steinzeit) 4 "
- einfache Landw. mit Rad (Römerzeit) 10 "
- fortschrittl. Landw. m. Kohlefeuerung (Mittelalter) 21 "
- Industriegesellschaft 19. Jahrhundert („reiner Kapitalismus") 62 "
- heutige Industrienationen (1970) 150 "
  (darunter USA 258 Energieskl.; EWG 96 Energieskl.; Japan 63 Energieskl.)

Auch hierbei fallen die USA vollständig aus dem Rahmen. Ansonsten gleicht die angenommene Basiszahl der individuellen Dauerleistung eines Menschen, die die weiteren Energieverbrauchsstufen prägt, annähernd der auch in diesem Buch zugrunde gelegten, sozial bestimmten Leistungsfähigkeit von 50 W.

7.2 Energieentwicklung innerhalb einer Wirtschaftsweise

Eigentlich ist die quantitative Energieentwicklung, wie sie in der Abb. 7.3 dargestellt ist, keine Kurve, sondern lediglich eine Punktfolge.
Wie die Entwicklung zwischen den ausgezeichneten Punkten verläuft, ist unbekannt. Und wenn man jeden Punkt als irgendwie charakteristisch für einen Energiezustand bzw. einen Wirtschaftszustand bezeichnet, an welchem Teil-Zustand bzw. an welchem kennzeichnenden „Ereignis" innerhalb eines solchen Zustands wird der Wert abgenommen? Gibt es dort ein ausreichend ausgebildetes „Plateau", an dem es möglich ist, einen charakteristischen Energieverbrauch zu bestimmen?

Dann wäre die Entwicklung eine ausgeprägte Treppenkurve. Oder bewegt sich der Verbrauch auch innerhalb eines solchen Energie- bzw. Wirtschaftszustands kontinuierlich weiter? Wenn ja, linear? Oder irgendwie gekrümmt?

Eine Reihe von Fragen, die ihrer Antwort harren. Die Antworten sollen nun gesucht werden.
Eines ist allerdings klar: eine reine Exponentialkurve, die die Entwicklung über viele Energiezustände hinweg widerspiegelt, kann es nicht sein, was gesucht wird. Sonst gäbe es ja keine irgendwie ausgezeichneten Zustände auf dieser Kurve, und der ausgewiesene Energieverbrauchswert wäre nichts als ein irgendwie berechneter Mittelwert zwischen zwei beliebigen Zeitpunkten, keineswegs jedoch ein für einen „Zustand" charakteristischer Wert. Es muß also Abweichungen von einer reinen Exponentialkurve geben. Solche Abweichungen werden durch veränderte Krümmung gekennzeichnet. Tritt aber beispielsweise eine Abflachung der Entwicklungskurve auf, muß es auch wieder einen Abschnitt steileren Anstiegs geben, wenn letztlich spätere Entwicklungspunkte - die ermittelten charakteristischen Verbrauchswerte - wieder auf der bisherigen Exponentialkurve zu liegen kommen sollen. Das heißt, Abweichungen von der Exponentialkurve in Teilabschnitten müssen immer paarweise auftreten, was übersetzt einmal Entwicklungsverzögerung, zum anderen Entwicklungsbeschleunigung bedeutet.
Weiterhin sollten sich solche paarweisen Abweichungen von der reinen Exponentialkurve periodisch wiederholen, wenn die Entwicklung als eine Folge von durchlaufenen Zuständen interpretiert werden soll.

Diese Anforderungen an einen Kurvenverlauf für die Energieentwicklung (und auch für die universale Wirtschaftsentwicklung?) werden am ehesten durch eine **Aufeinanderfolge von S-Kurven** (logistischen Kurven) erfüllt. Die S-Kurven müßten sich immer aneinander anschließen, wenn man keine abrupten Entwicklungssprünge zulassen will, und sie müßten sich insgesamt dem Verlauf einer Exponentialkurve anschmiegen, was jedoch außer im Anfangsbereich, in der Nähe des Ursprungspunktes, bei dem die Krümmung dieser Exponentialkurve noch relativ groß ist, keine wesentliche Einschränkung, das heißt Verzerrung der S-Kurve, bedeuten sollte.
S-Kurven haben sich für die Beschreibung einer Vielzahl von Entwicklungsvorgängen als geeignet erwiesen. Warum also nicht auch für die Entwicklung der Energiewirtschaft und der Wirtschaft insgesamt. S-Kurven vermögen die für viele Entwicklungen charakteristischen Phasen einer anfänglichen schnellen Entfaltung, einer anschließenden relativ gleichmäßigen Bewegung und schließlich das Einmünden in einen Sättigungszustand gut zu beschreiben, s. dazu auch die Darstellungen im Anhang 2.

Was nunmehr zu suchen ist, sind in den einzelnen ausgewiesenen potentiellen Zuständen diese charakteristischen Phasen der Beschleunigung, der gleichmäßigen

Bewegung und der Verzögerung. Findet man sie anhand realer, nachprüfbarer historischer Daten, so kann man insgesamt auf eine S-Kurve innerhalb eines solchen Zustands schließen.

7.3 Nachweis der Frühphasen von Entwicklungszuständen

Begonnen wird mit dem Nachweis der jeweiligen Frühphase in den einzelnen ausgezeichneten Epochen.

Als erstes Rom. Es wird hier die gebundene menschliche Muskelkraft betrachtet. Das ist zwar nicht die Gesamtheit der genutzten Verteilungsenergien, aber eben die wichtigste, die charakteristische. Und sie ist vom Datenbestand her einigermaßen erfaßbar. Als Maß dient die Anzahl der Sklaven. Zahlenangaben dazu sind in verschiedenen historischen Quellen enthalten, darunter als Teilnehmer an geschichtskundigen Sklavenaufständen. Das Ergebnis der - zugegebenermaßen sehr grobmaschigen und ungenauen - Recherche ist in der Abb. 7.4 dargestellt.

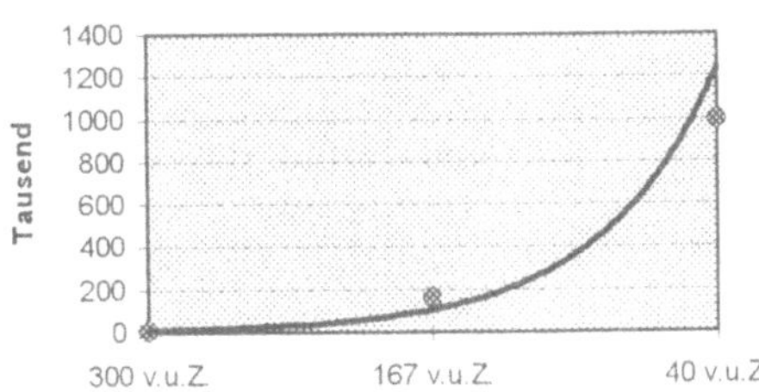

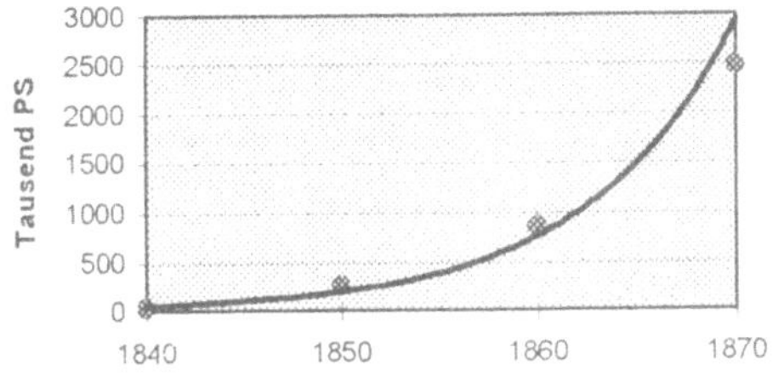

Abb. 7.4: Anzahl der Sklaven in Rom

Die Kurve signalisiert den erwarteten exponentiellen Anstieg des Verbrauchs an gebundener menschlicher Muskelkraft. Dabei bleibt offen, wie sich die Entwicklung der gesamten genutzten Verteilungsenergie vollzieht. Da aber die Muskelkraft deren qualitativ prägender Bestandteil ist, andererseits sich in dem genannten Zeitraum auch eine ausgeprägte wirtschaftliche Entwicklung in Rom vollzogen hat, deren Exponent offenbar eben die Anzahl der Sklaven ist, darf wohl insgesamt mit einer exponentiellen Entwicklung des Energieverbrauchs in dieser Entwicklungsphase gerechnet werden.

Abb. 7.5: Installierte Leistung an Dampfmaschinen in Deutschland

Quelle: nach H.J.Hildebrand, Wirtschaftliche Energieversorgung. Leipzig: Deutscher Verlag für Grundstoffindustrie 1975, Bd. 1, S. 52.

Offen bleibt an dieser Stelle noch, wo genau die Abnahme des als charakteristisch ausgewiesenen Werts (von 2000 kWh) vorgenommen wird. Dazu später.

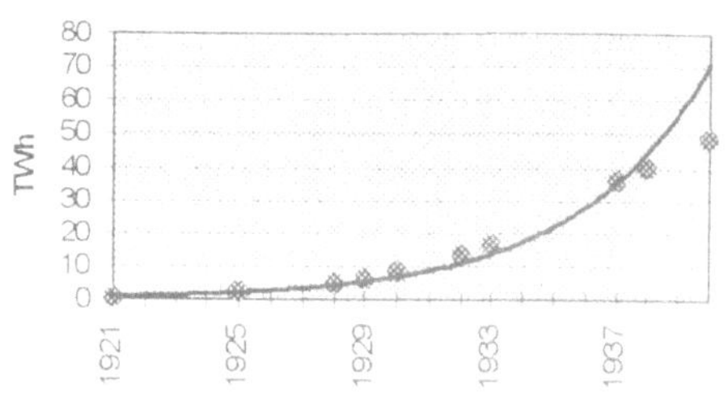

Abb. 7.6: Stromerzeugung in der Sowjetunion

Quelle: nach A.W.Winter, Die sowjetische Energiewirtschaft. Moskau: Verlag für fremdsprachige Literatur 1953.

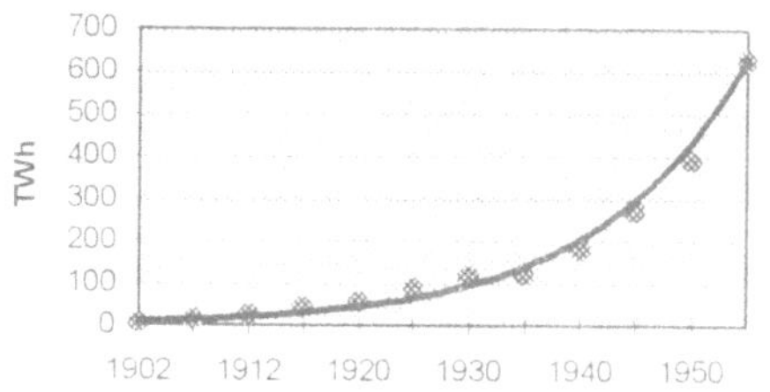

Abb. 7.7: Stromverbrauch in den USA

Quelle: nach S.H.Schurr, B.C.Netschert: Energy in the American economy 1850-1975. Baltimore: The Johns Hopkins Press 1960.

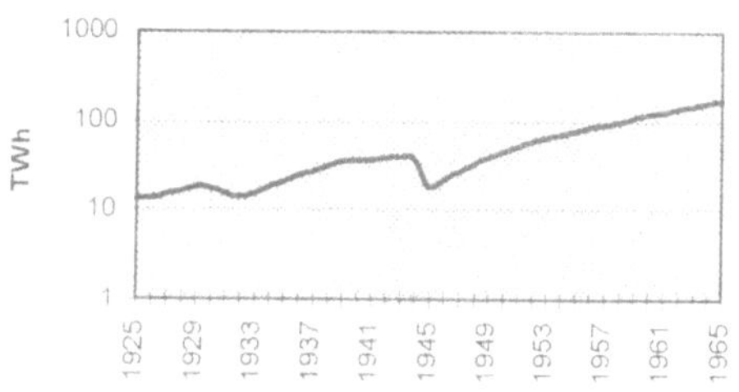

Abb. 7.8: Stromerzeugung in Deutschland (Gebiet der alten Bundesländer)

Quelle: nach H. Schaefer: Struktur und Analyse des Energieverbrauchs der Bundesrepublik Deutschland. Gräfelfing/München: Technischer Verlag Resch KG 1980, S.54.

Die nächste betrachtete Epoche ist die 1. industrielle Revolution. Es wird hier beispielsweise als Maß die installierte Leistung an Dampfmaschinen in Deutschland in den Jahren 1840 bis 1870 betrachtet. Sie ist in der Abb. 7.5 wiedergegeben. Auch hier ergibt sich erwartungsgemäß ein exponentieller Anstieg.

Nun zum Stromverbrauch in der ersten Hälfte des 20. Jahrhunderts. Begonnen wird mit der Sowjetunion. Das unter anderem auch deswegen, weil die Elektrifizierung des rückständigen Landes von Anfang an zu den erstrangigen Zielen der sowjetischen Wirtschaftspolitik gehörte.

In der Abb. 7.6 ist als Maß die Stromerzeugung in der Sowjetunion von 1921 bis 1940 dargestellt. Auch sie folgt weitgehend einer Exponentialkurve, wenngleich die Meßpunkte gegen Ende des betrachteten Zeitraums signalisieren, daß die Exponentialkurve in einen anderen Kurventyp übergeht. Die folgenden Jahre nach 1940 bis zur Mitte des Jahrhunderts sind wegen des Kriegs und der Nachkriegszeit nicht so recht repräsentativ.
Jedoch prinzipiell nicht anders verlief in der ersten Hälfte des 20. Jahrhunderts die Entwicklung des Stromverbrauchs in den USA, s. dazu die Abb. 7.7. Er kann relativ zwanglos durch eine Exponentialkurve wiedergegeben werden.

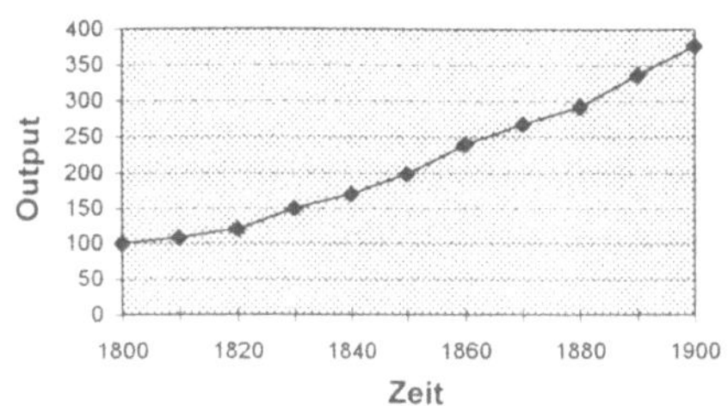

Abb. 7.9: Entwicklung der relativen Bruttoproduktion im Vereinigten Königreich von 1800 bis 1900 (1800 = 100 %)

Quelle: nach W.S.Humphrey, J.Stanislaw, Economic growth and energy consumption in the UK, 1700-1975; Energy Policy (1979), Vol. 7, number 1

Interessant ist die Abb. 7.8, die die Stromerzeugung in Deutschland bis nach dem 2. Weltkrieg wiedergibt und aus der ersichtlich ist, wie empfindlich der Strom auf Störereignisse, hier die Weltwirtschaftskrise 1929 bis 1932 und den 2. Weltkrieg, reagiert. Das zeigt, daß der Strom - darüber hinaus aber offenbar jede charakteristische Energie - ein guter Indikator der Wirtschaft ist.

Bei der Darstellung in der Abb. 7.8 muß beachtet werden, daß sie einfach logarithmisch ist, das heißt, ein exponentieller Anstieg wird durch eine Gerade markiert. Die Darstellung macht deutlich, daß trotz der beiden tiefen Einschnitte über lange Zeit immer wieder die Gerade angestrebt und annähernd erreicht wird.

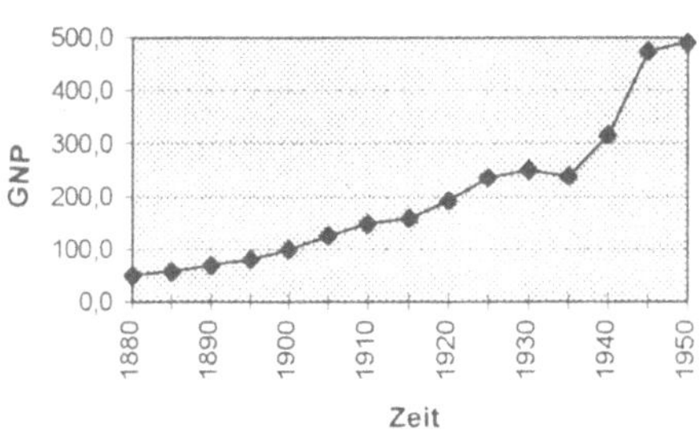

Abb. 7.10: Entwicklung des relativen Bruttosozialprodukts in den USA von 1880 bis 1950 (1900 = 100 %; Preisbasis 1929)

Quelle: nach S.H.Schurr, B.C.Netschert,, a.a.O., S. 158.

An dieser Stelle soll auf Datenmaterial zur *Wirtschafts*entwicklung am Beginn einer neuen Entwicklungsetappe - im Vergleich zur Energieverbrauchsentwicklung - hingewiesen werden. Dem dienen beispielhaft die Kurven in den Abbildungen 7.9 und 7.10 für England bzw. die USA. Trotz aller - erklärbaren - Abweichungen folgen beide Kurven annähernd einer exponentiellen Entwicklung. Bezüglich der USA gibt es damit eine Analogie zwischen den Abbildungen 7.7 (Stromverbrauch) und 7.10 (Wirtschaftsentwicklung), was zur Erhärtung der Thesen dieses Buches gezeigt werden sollte.

7.4 Die Verhältnisse in der Nähe der Sättigungsphase

Der Vollständigkeit wegen sei darauf verwiesen, daß bisher in den statistischen Darstellungen weder für den Energieverbrauch noch für das Wirtschaftswachstum Pro-Kopf-Werte wiedergegeben, sondern - zur Vereinfachung - die Gesamtwerte verwendet wurden.
Nunmehr wird auf die (eigentlich richtig aussagefähigen) Pro-Kopf-Werte übergegangen.
Abb. 7.11 zeigt den Bruttostromverbrauch pro Kopf in Deutschland (alte Bundesländer) in den Jahren von 1935 bis 1995.

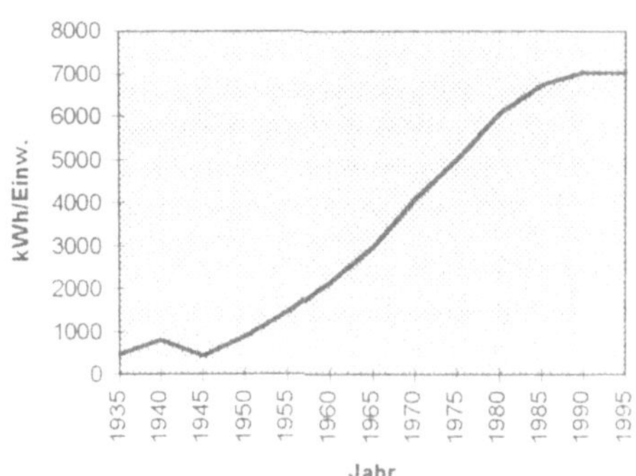

Abb. 7.11: Bruttostromverbrauch pro Kopf in Deutschland (alte Bundesländer)

Quellen: VDEW Die öffentliche Elektrizitätsversorgung 1996; H.Schäfer, a.a.O.; Datenreport 1997. Bonn: Bundeszentrale für politische Bildung (1997)

Diese Darstellung gestattet den Blick auf einen gesamten Zyklus, wie er durch eine voll ausgebildete Sättigungskurve repräsentiert wird. Er umfaßt die Frühphase - hier etwa die Jahre von 1935 bis 1965 - mit einem exponentiellen Verbrauchsanstieg, die mittlere, annähernd lineare Phase - die bis etwa 1980 reicht - und die Sättigungsphase mit kontinuierlich abnehmenden Zuwachsraten, die etwa seit 1980 einsetzt.

Gravierende Einflüsse auf das Wirtschaftsleben wie der 2. Weltkrieg und der tiefe Einschnitt 1945 sind deutlich zu sehen, werden jedoch im Verlauf der weiteren Entwicklung überwunden.
Zum Vergleich wird für Deutschland (alte Bundesländer) das Bruttoinlandsprodukt pro Kopf der Bevölkerung angegeben (s. Abb. 7.12).
Dabei ist folgendes zu vermerken. Die Frühphase bildet sich hier grafisch nicht aus, weil sie durch den 2. Weltkrieg und den totalen Zusammenbruch 1945 wesentlich beeinflußt wird. Leider standen nicht wie bei der Abb. 7.11 vergleichbare Werte für die Zeit vor dem 2. Weltkrieg zur Verfügung.

Was die Sättigungsphase angeht, so kann man sie (noch) nicht in der Abbildung ablesen. Dazu bedarf es weiterer Beobachtungen in den nächsten fünf bis zehn Jahren.

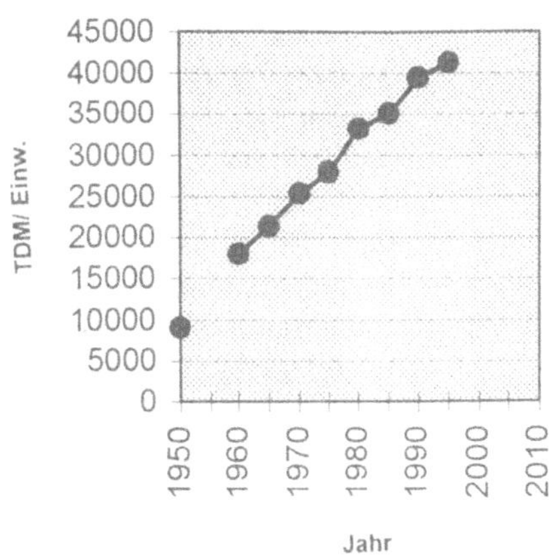

Abb. 7.12: Bruttoinlandsprodukt pro Kopf für Deutschland (alte Bundesländer)

Quelle: nach Datenreport 1997, a.a.O.

Es bleibt noch eine Untersuchung nachzutragen. Bisher war, was den energetischen Teil der Korrespondenz Wirtschaft - Energiewirtschaft anbelangt, immer nur die Entwicklung der charakteristischen Energie betrachtet worden, gleich ob Muskelkraft, Dampf oder Strom. Was die qualitative Seite des Problems angeht, ist das so auch korrekt. Die quantitative Seite, mithin der charakteristische spezifische Energieverbrauch, bezieht sich jedoch auf *alle* genutzten Energieträger im Bereich Verteilungsenergie/charakteristische Energie, beschränkt sich daher eben gerade nicht auf die charakteristische Energie. Deshalb ergänzend noch einige Detailuntersuchungen mit weiteren wichtigen Verteilungsenergien.

Als Beispiel ist in der Abb. 7.13 der Pro-Kopf-Ölverbrauch in den USA dargestellt worden.

Die Abb. 7.14 beinhaltet den Pro-Kopf-Erdgasverbrauch in den USA. Beide Darstellungen passen sich in der jeweiligen Anfangsphase problemlos einer Exponentialkurve an.

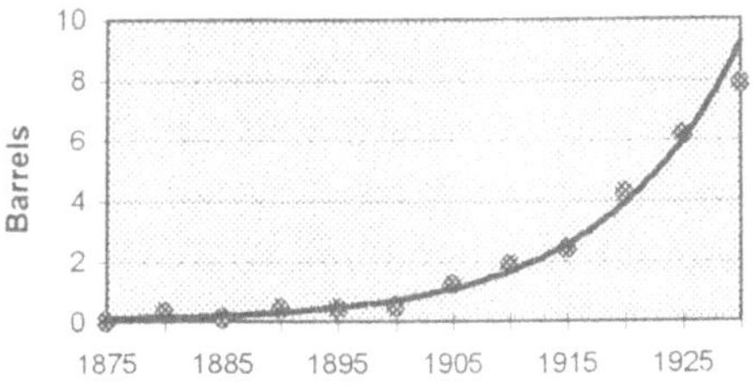

Abb. 7.13: Pro-Kopf-Ölverbrauch in den USA

Quelle: nach S.H. Schurr, B.C.Netschert, a.a.O., S. 86

Für Deutschland sei noch eine Entwicklungsreihe der Endenergie angefügt, die damit alle genutzten Endenergien umfaßt (Tabelle 7.2). Spätestens seit etwa dem Jahre 1980 macht sich eine gewisse Sättigung bemerkbar, was natürlich keineswegs überrascht.

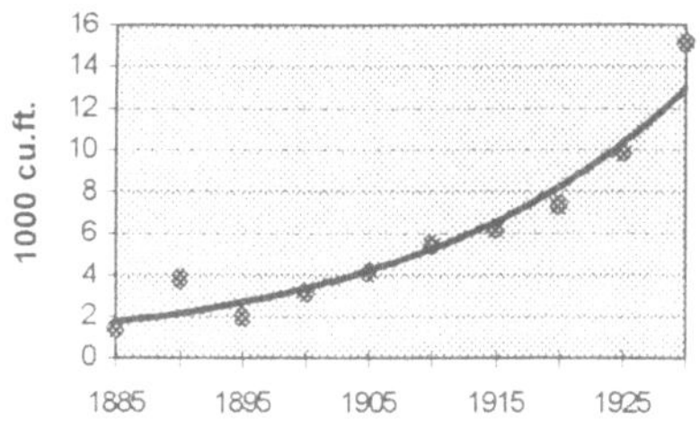

Abb. 7.14: Pro-Kopf-Erdgasverbrauch in den USA

Quelle: nach S.H.Schurr, B.C.Netschert, a.a.O., S 130

An dieser Stelle lohnt es sich, noch einmal auf die Tabellen 2.1 und 2.2 zurückzukommen. In Tabelle 7.3 ist mit den gleichen Zahlen wie in den Tabellen 2.1 und 2.2 ein Wachstumsvergleich zwischen Bruttoinlandsprodukt und Bruttostromverbrauch angestellt worden. In einer groben Bewertung sind die Zehnjahresdifferenzen im Bruttoinlandsprodukt annähernd gleich. Das heißt, man kann diese Entwicklungsreihe grob als lineare Entwicklung interpretieren.

Tabelle 7.2: Entwicklung des Endenergieverbrauchs in Deutschland (alte Bundesländer) [1000 t SKE]

Quelle: Verband der Industriellen Kraftwirtschaft, Essen: Statistik der Energiewirtschaft 1995/96 1997, S.27; VDEW Die öffentliche Elektrizitätsversorgung, a.a.O.

Zeit	Endenergieverbrauch	Wachstumsrate
1950	86 694	
		5,3 %/a
1960	145 620	
		4,7 %/a
1970	230 346	
		1,1 %/a
1980	256 877	
		ca. 0
1990	253 494	
1995	267 900	

Anders verhalten sich die Zehnjahresdifferenzen im Bruttostromverbrauch. Nach einer anfänglichen linearen Entwicklung (die ersten beiden Differenzwerte sind annähernd gleich) folgt eine deutliche unter-lineare Entwicklungsphase, was wiederum nicht überrascht.

Wenn man also Zeitreihen unter dem in diesem Buch betrachteten Gesichtspunkt untersucht, dann seien vorrangig die Wertedifferenzen in gleichen Zeiträumen bewertet: annähernd gleiche Differenzen - lineare Entwicklung; ansteigende Differenzen - über-lineare Entwicklung; abnehmende Differenzen - unter-lineare Entwicklung.

Tabelle 7.3: Wachstumsvergleich zwischen Bruttoinlandsprodukt und Bruttostromverbrauch in Deutschland (alte Bundesländer)

	BIP		**Bruttostromverbrauch**	
Zeit	**Absolutwert**	**Differenz**	**Absolutwert**	**Differenz**
1960	1000,0		123,2	
		543,2		127,2
1970	1543,2		250,4	
		474,8		124,1
1980	2018,0		374,5	
		502,4		74
1990	2520,4		448,5	
[1995	2750,1		464,9]	

Allerdings sei gleich angemerkt, daß - wenn vermutet wird, daß eine Sättigungsphase globaler Wirtschaftsentwicklung und damit auch energiewirtschaftlicher Entwicklung in etwa um das Jahr 2000 herum auftritt - es außerordentlich schwer ist, sie jetzt bereits in den üblichen Statistiken nachzuweisen. Das wird grundsätzlich erst später möglich sein. Eine Sättigung läßt sich heute bestenfalls andeutungsweise vermuten, aber nicht wirklich nachweisen.
(Im übrigen deuten sich Sättigungsphasen nicht nur „mathematisch“ in Wirtschaftsstatistiken an, sondern es gibt zahlreiche weitere Kriterien, die einen solchen Schluß zulassen. Dazu gehört die Finanzierungskrise öffentlicher Haushalte, wachsende Arbeitslosigkeit ohne Aussicht auf ein Ende und ein allgemeines Gefühl der Unsicherheit, Ohnmacht und Angst. Das ist allerdings nicht Gegenstand dieses Buchs.)
Festgehalten werden soll an dieser Stelle, daß in Deutschland (alte Bundesländer) der Bruttostromverbrauch auf eine Sättigung hinausläuft, das Bruttoinlandsprodukt jedoch (noch) nicht.
Das ist natürlich nicht neu. Interessant wird die Sache erst, wenn die Entwicklungsreihe des Bruttoinlandsprodukts in der Zukunft ebenfalls unter-linear verlaufen würde. Das kann man zwar vermuten, aber aus heutiger Sicht eben natürlich nicht beweisen. Daher sind die nachfolgenden Aussagen sprachlich im Konjunktiv gehalten. In einem solchen Fall würde der Bruttostromverbrauch so etwas wie ein Frühindiz für die wirtschaftliche Entwicklung sein. Das ist gemeint, wenn weiter oben vom *vorauseilenden* Charakter der Energie in bezug auf die Wirtschaftsentwicklung gesprochen wurde.
Dann allerdings würde es auch einen Zeitpunkt geben, von dem ab der Bruttostromverbrauch die Wachstumsraten des Bruttoinlandsprodukts wieder „überholen“ würde, ebenfalls als Frühindikator für einen erneuten grundsätzlichen Wirtschaftsaufschwung. (Nur der Vollständigkeit halber sei darauf hingewiesen, daß in diesem Zusammenhang nicht von relativ kurzfristigen Konjunkturzyklen die

Rede ist, sondern von „langwelligen“ grundsätzlichen Beschleunigungs- und Verzögerungsphasen der Wirtschaftsentwicklung.)

Vorausgesagt würden auf dieser Grundlage für Deutschland für die nächsten ein bis zwei Jahrzehnte: **vermutlich unter-lineare Wachstumsraten für das Bruttoinlandsprodukt, über-lineare Wachstumsraten für den Bruttostromverbrauch, zumindest jedoch in Umkehrung der bisherigen Verhältnisse höhere Wachstumsraten des Bruttostromverbrauchs als des Bruttoinlandsprodukts.**

Sieht man sich unter den angegebenen Gesichtspunkten die internationalen Statistiken für das Bruttoinlandsprodukt und den Bruttostromverbrauch an, so lassen sich in der Regel bestenfalls in den Jahren seit 1990 abnehmende Wachstumsraten ausmachen. Sie reichen aber für eine Beweisführung nicht und sollen deshalb auch nicht diskutiert werden. Als Schlußfolgerung bleibt, die nächsten Jahre aufmerksam zu verfolgen.

Es ist nicht zufällig, daß gerade die Jahre gegen Ende des 20. Jahrhunderts (und zu Beginn des 21. Jahrhunderts) für die Grundaussagen dieser Arbeit von besonderer Bedeutung sind. Deshalb werden sie auch immer wieder bemüht. Sie können nicht gegen andere Zeiträume ausgetauscht werden. Und das nicht etwa nur, weil heute die Erfassungsmethoden besser sind als in der Vergangenheit, sondern weil sich in diesen Jahren ein grundsätzlicher Umbruch in den universalen Wirtschaftsverhältnissen vollzieht. Eine Epoche geht zu Ende (sogenannte 2. industrielle Revolution). Eine neue Epoche beginnt, siehe dazu die ergänzenden Darlegungen im Anhang 1. Das hat erhebliche Auswirkungen auf die Wirtschaft und damit natürlich auch auf die Energiewirtschaft. Diese Auswirkungen betreffen nicht nur quantitative Beziehungen, sondern auch qualitative, was es prinzipiell unmöglich macht, in den nächsten Jahrzehnten einfach nur bisherige Entwicklungstrends „fortzuschreiben“. Wenn man einigermaßen belastbare Aussagen für die universale Wirtschaftsentwicklung erhalten will, muß man nach Möglichkeit solche qualitativen Veränderungen mit ins Kalkül ziehen. Auch dazu einige Grundlagen zu schaffen, ist Anliegen dieses Buches.

Wenn man nunmehr zusammenfassend die in den Abbildungen und Tabellen dieses Kapitels wiedergegebenen Zeitreihen betrachtet, dann gibt es Anhaltspunkte dafür, daß sich unter bestimmten Wirtschaftsverhältnissen die Entwicklungen von Energieverbrauch und Wirtschaftskraft annähernd synchron verhalten, allerdings mit zeitlichen Abweichungen, die auf eine elastische Natur der Korrespondenz schließen lassen. Die Wirtschaftskraft wird, wo es möglich ist, mit dem bekannten Bruttoinlandsprodukt gemessen. Der Energieverbrauch wird in seiner Gesamtheit durch den Verbrauch an Verteilungsenergie gemessen. Im qualitativen Verlauf stimmt auch allein der Kurvenverlauf der charakteristischen Energie mit dem der gesamten Verteilungsenergie und damit mit der Wirtschaftskraft überein.

Plausibel wird eine solche Korrespondenz auch dadurch, daß die charakteristische Energie empfindlich auf Störereignisse in der Wirtschaft reagiert, wie es eindrucksvoll die Kurve in der Abb. 7.8 zeigt. Zumindest in historischer Sicht bietet sich der Energieverbrauch als Indikator für die jeweilige Wirtschaftskraft an. Allerdings muß beachtet werden, daß zwischen Verteilungsenergie und Nutzenergie mindestens immer noch eine Energieumwandlung stattfindet, die dann einen durch die Wirtschaftstätigkeit prinzipiell beeinflußbaren Wirkungsgrad hat. Daraus kann der Schluß gezogen werden: je weniger Energieumwandlungen zwischen Verteilungsenergie (bzw. der charakteristischen Energie als verwandelter Verteilungsenergie) und Nutzenergie liegen, um so mehr spiegelt diese Verteilungsenergie bzw. diese charakteristische Energie die reale Wirtschaftskraft wider. Auch deswegen unterscheidet sie sich wesentlich von der bisher häufig als Indikator benutzten Primärenergie.
Die Plausibilität einer Korrespondenz von Wirtschaftskraft und Energieverbrauch ist auch dadurch gegeben, daß die Energie, wie nachgewiesen wurde, ein integraler, aktiver Bestandteil des elementaren Wirtschaftsprozesses und damit logischerweise auch der Wirtschaftskraft eines konkreten historischen Wirtschaftsorganismus ist.
Aber um es noch einmal zu wiederholen: es gibt Anhaltspunkte für eine solche Korrespondenz von Wirtschaft und Energiewirtschaft, aber schlüssige Beweise können mit dem bisherigen Datenmaterial aus der wirtschaftlichen Gegenwart noch nicht erbracht werden. Selbstverständlich reicht auch das zugängliche historische Datenmaterial bis jetzt dazu nicht aus. Es bleibt also nichts anderes übrig, als mit einer plausiblen Hypothese, die sich auf nachprüfbare Teilaussagen stützen kann, zu operieren und im nachhinein an bestimmten Grundaussagen diese Hypothese nach Möglichkeit zu verifizieren.

Die angesprochenen Teilaussagen beziehen sich zum Beispiel auf den Nachweis, daß einzelne Phasen der angenommenen S-Kurve, die für die Entwicklung von Wirtschaftskraft und Energieverbrauch unter gleichen Wirtschaftsverhältnissen charakteristisch ist, mit statistischem Datenmaterial verifiziert werden konnten. Die Frühphase, die eine exponentielle Entwicklung aufweist, konnte mit einigen Grafiken augenscheinlich gemacht werden.
Ein kompletter Zyklus ist nur in Abb. 7.11 zu sehen.
Die Endphase, die eine mehr auf Sättigung hinauslaufende Entwicklung aufweist, deutet sich darüber hinaus nur wenig, vorrangig in den Tabellen 2.1 und 7.2, an.

Mit diesem Wissen ausgerüstet, wird nunmehr festgestellt, daß die charakteristischen Verbrauchspunkte in der Abb. 7.3, die global einer Exponentialkurve folgen, jeweils durch S-Kurven miteinander verbunden sind.
Die universale Wirtschafts- und Energiewirtschaftsentwicklung vollzieht sich in der betrachteten historischen und künftigen Zeitspanne als Überlagerung

einer Exponentialkurve und einer Folge von S-Kurven. Das soll durch die Abb. 7.15 verdeutlicht werden.

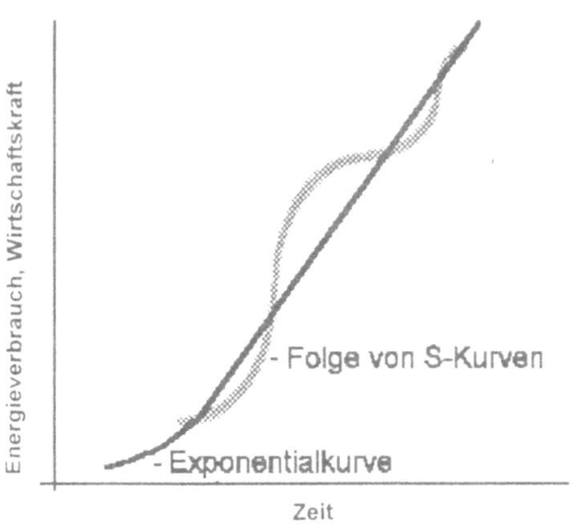

Abb. 7.15: Überlagerung einer Exponentialkurve und einer Folge von S-Kurven

(An dieser Stelle sei wieder als Vorgriff zu späteren Untersuchungen darauf hingewiesen, daß zu jeder charakteristischen Energie und zu jedem charakteristischen spezifischen Energieverbrauch nicht nur eine S-Kurve, sondern immer ein Paar (von zwei) S-Kurven gehört. Das bedeutet nichts anderes, als daß jede durch bestimmte charakteristische Wirtschaftsverhältnisse ausgezeichnete Wirtschaftsweise noch einmal in ihrer Entwicklung eine bedeutsame Modifikation erfährt und damit einen mehr oder weniger selbständigen „Anhang" erhält.)

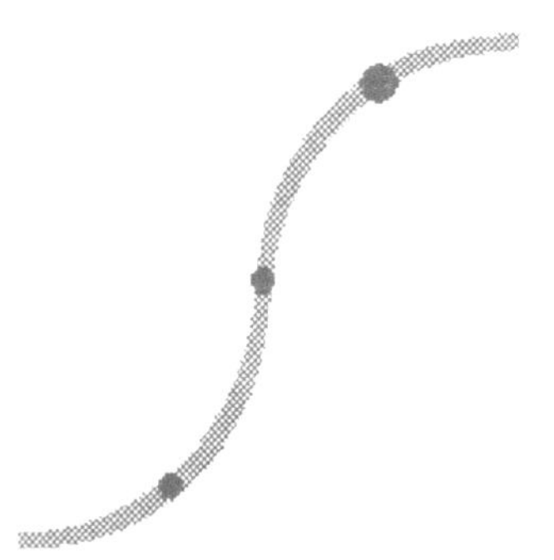

Abb. 7.16: Ausgezeichnete Punkte an der S-Kurve

oberer Punkt - maximale konvexe Krümmung
mittlerer Punkt - Wendepunkt
unterer Punkt - maximale konkave Krümmung

Bisher war noch nicht klar, wo denn nun an der S-Kurve der für die Epoche, das heißt die Wirtschaftsverhältnisse, charakteristische spezifische Energieverbrauchswert abgenommen wird. Die S-Kurve bietet in der Regel kein deutlich ausgeprägtes Plateau an, so daß man sich in Ermangelung dessen auch auf andere ausgezeichnete Kurvenpunkte verständigen muß. Das wäre der Wendepunkt oder der obere Punkt maximaler Kurvenkrümmung bzw. der entsprechende untere Punkt. Vorgeschlagen wird der obere Punkt der maximalen Krümmung, weil damit ein charakteristischer Wert für die *reifen* Wirtschaftsverhältnisse ausgewiesen wird, bei dem dann die Sättigung deutlich wird.

Das soll durch die Abb. 7.16 verdeutlicht werden.

In der Praxis verwendet man häufig als Eintritt in die Sättigungsphase den Punkt, an dem die Ordinate 90 % des definitiven Sättigungswertes erreicht hat.

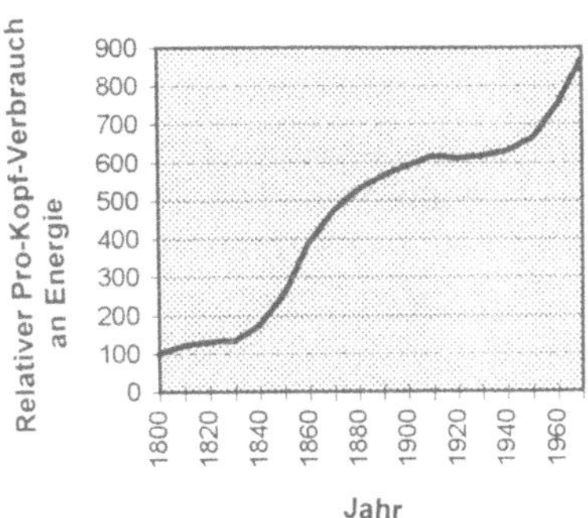

Abb. 7.17: Relativer Pro-Kopf-Energieverbrauch in England seit 1800

Quelle: nach W.S.Humphrey, J.Stanislaw, a.a.O.

Abschließend in diesem Kapitel soll noch auf eine Entwicklungsreihe hingewiesen werden, die Humphrey und Stanislaw für den Energieverbrauch in England für fast zwei Jahrhunderte herausgefunden haben, s. dazu Abb. 7.17. Sie gibt eine deutlich sichtbare S-Kurve wieder. Natürlich muß man in diesem Zusammenhang auf die Unsicherheit des frühen Datenmaterials, auf das Problem Primärenergie/Endenergie und den langen Zeitraum, der mit Gewißheit mehrere historische Epochen umfaßt, hinweisen. Dennoch wird die Periode der 1. industriellen Revolution, einschließlich des nachfolgenden Zwischenzustandes, eindrucksvoll wiedergegeben. Darüber hinaus zeigt sie anschaulich, daß man auch in der Entwicklung der Energiewirtschaft, wie in vielen anderen Entwicklungsbereichen, auf S-Kurven stößt, und zwar auch als Aufeinanderfolge von S-Kurven.

7.5 Energieintensität der Wirtschaft

In den beiden zurückliegenden Abschnitten wurden die Entwicklung des Energieverbrauchs und die Wirtschaftsentwicklung im Verlauf der einzelnen Wirtschaftsperioden untersucht, und zwar vorrangig in der Frühphase sowie in der Annäherung an die Sättigungsphase. Eine Reihe von Übereinstimmungen beider konnte ausgemacht werden.

Aggregierter Ausdruck für das Verhältnis von Wirtschaft und Energieverbrauch ist die Kenngröße Energieintensität der Wirtschaft. Präzise handelt es sich um die Intensität der Verteilungsenergie, im Unterschied zur Primärenergieintensität. Allerdings wird dann - notgedrungen - auf die Primärenergieintensität ausgewichen, wenn die der Verteilungsenergie (bzw. Endenergie) nicht zur Verfügung steht. In den folgenden Abbildungen soll - unter Verwendung bisherigen Datenmaterials und zusätzlichen Datenmaterials aus den bisher zitierten Quellen - die Entwicklung der Energieintensität über einen möglichst großen Zeitraum betrachtet werden.

Begonnen wird mit der *Stromintensität in Deutschland* (alte Bundesländer). Strom ist Bestandteil der Verteilungsenergie.

Sie ist in der Abb. 7.18 dargestellt.

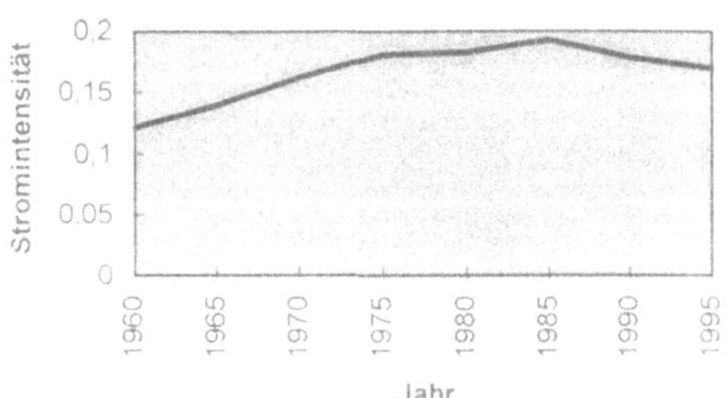

Abb. 7.18: Stromintensität des Bruttoinlandsprodukts für Deutschland (alte Bundesländer)

Quelle: nach Datenreport 1997, a.a.O.; Verband der Industriellen Kraftwirtschaft, a.a.O.

Für den kleinen zur Verfügung stehenden Zeitabschnitt umfaßt die Stromintensität moderate Zuwachs-, Abnahme- und Konstantphasen. Die Kurvendarstellung endet mit einer sich abflachenden Abnahmephase.

Anschließend wird die relative Endenergieintensität für Deutschland betrachtet; sie berücksichtigt damit nicht nur den elektrischen Strom, sondern die gesamte Endenergie.
Die relative Endenergieintensität ist in Abb. 7.19 dargestellt.

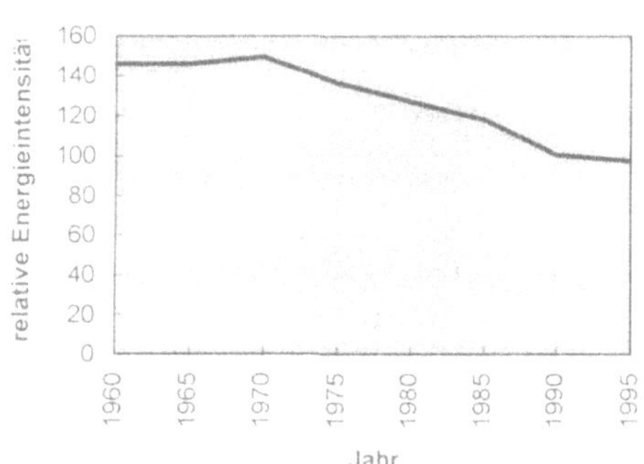

Abb. 7.19: Relative Endenergieintensität in Deutschland (alte Bundesländer)

Quelle: Verband der Industriellen Kraftwirtschaft, a.a.O.; Datenreport 1997, a.a.O.

Sie ist anfänglich durch eine leichte Anstiegsphase und dann durch eine lange Abnahmephase gekennzeichnet, die am Ende des betrachteten Zeitraums sehr flach ausläuft.
Die nächste Darstellung bezieht sich auf die relative Energieintensität in den USA (wobei das Brennholz als Energieträger einbezogen ist), s. Abb. 7.20. Auch sie ist durch Zuwachs- und Abnahmephasen gekennzeichnet, und auch sie läuft am Ende des betrachteten Zeitraums flach aus. Schließlich sei die relative Energieintensität der Industrieproduktion in England (bis 1920 einschließlich Irland) in Abb. 7.21 betrachtet.
Hier kann eine gewisse „Wellenbewegung" ausgemacht werden. Ansonsten sind moderate Zuwachs- und Abnahmephasen vertreten. Am Schluß des Betrachtungszeitraums flacht auch hier die Kurve ab. Daß im ersten betrachteten Jahrhundert die Kurve relativ unstrukturiert ist, liegt natürlich an der sehr schwierigen und groben Datenabschätzung für diesen Zeitraum. Außerdem muß beachtet werden, daß die hier zugrunde gelegten Energiewerte offenbar weitgehend Primärenergien darstellen.

Wenn man die vier Abbildungen dieses Abschnitts zusammenfassend wertet, so ergibt sich:

- alle Kurven fallen am Ende des jeweils betrachteten Zeitraums ab, aber die Abnahme verflacht sich
- die Kurven haben mindestens eine, teilweise aber auch mehrere Zuwachs- und Abnahmephasen
- Zuwachs- und Abnahmephasen fallen in ihrer Steilheit moderat aus; die Einzelwerte weichen zudem insgesamt nur relativ wenig vom jeweiligen Mittelwert der Datenreihe ab (die Abweichungen liegen in jedem Fall - nach oben wie nach unten - deutlich unter 100 %)

Man kann daraus die allgemeine Schlußfolgerung ableiten, daß die Energieintensität der Wirtschaft über einen geschichtlich langen Zeitraum innerhalb einer bestimmten Schwankungsbreite annähernd gleich bleibt. Innerhalb dieser relativ eng begrenzten Schwankungsbreite vollzieht sich eine mehr oder weniger ausgeprägte „Wellenbewegung", wenn man genügend lange Zeiträume betrachtet.

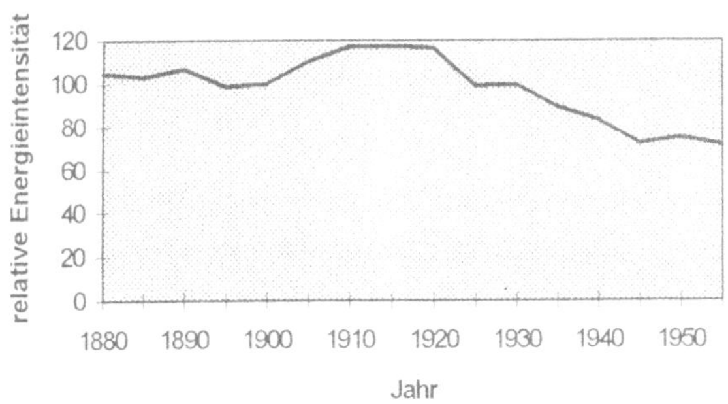

Abb. 7.20: Relative Energieintensität in den USA

Quelle: nach S.H. Schurr, B.C. Netschert, a.a.O., S. 158

Aus diesem Grund eignet sich der jeweilige (objektiv bedingte) Energieverbrauch für geschichtliche Zeiträume als quantitatives Maß für die jeweilige Wirtschaftskraft (wobei eigentlich die Nutzenergie gemeint ist, sie jedoch durch die Verteilungsenergie/Endenergie angenähert werden muß).

Die Wellenbewegung der Energieintensität innerhalb einer bestimmten Wirtschaftsperiode ist dann vermutlich eine Auswirkung der jeweiligen wirtschaftlichen Beschleunigungs- und Sättigungsphasen innerhalb eines wirtschaftlichen Zyklus. Das ist schematisch in der Abb. 7.22 dargestellt.
Auch die Autoren von „Faktor vier" /37/[1] befassen sich mit der Entwicklung der Energieintensität. Sie zeigen in eindrucksvollen Kurven für Großbritannien, die USA, Deutschland, Frankreich und Japan den Anstieg der Energieintensität mit der

[1] S.175/176.

Industrialisierung und danach die Abnahme, die spätestens seit 1960 in einen gemeinsamen niedrigen Sättigungswert einmündet (ähnlich wie die in den Abbildungen 7.19 bis 7.21 dargestellten Kurven).

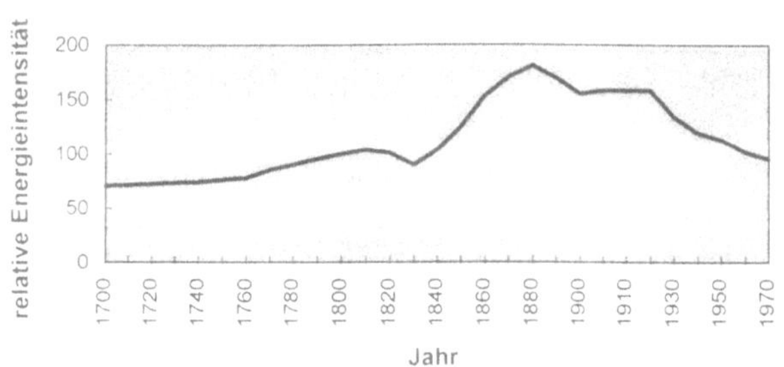

Abb. 7.21: Relative Energieintensität der Industrieproduktion in England

Quelle: nach W.S. Humphrey, J. Stanislaw, a.a.O.

Er kennzeichnet also deutlich das gemeinsame Erreichen einer Sättigungsphase, was sich auch sprachlich an den gewählten Begriffen wie „Spätphase" oder dem „Stadium der industriellen Reife", in dem sich die alten Industrieländer befinden, widerspiegelt. Allerdings wird meines Erachtens die beobachtete Tendenz vorschnell bis zum Jahr 2040 „fortgeschrieben", womit der Eindruck erweckt wird, die Energieintensität strebe in allen Ländern einem „ewigen" niedrigen Sättigungswert entgegen. Im Unterschied dazu mache ich mit Blick auf die Geschichte geltend, daß es in der Vergangenheit schon mehrfach solche Sättigungsphasen der Wirtschaftsentwicklung (und der Energiewirtschaftsentwicklung) gab, nämlich immer dann, wenn ein historischer Entwicklungszustand „zu Ende ging". Dieser wurde dann regelmäßig durch eine neue Aufschwungphase abgelöst, die durch mich nunmehr auch für die vor uns liegende Zeit angenommen wird.

Eine solche Sättigungsphase, die geschichtlich nachvollziehbar und zeitlich weit auseinander gezogen ist, ist die Agonie und der Zusammenbruch des Römischen Weltreichs. Weniger nachhaltig im Gedächtnis ist die Sättigungsphase, die sich um das Jahr 1870 nach Abschluß des ersten Schubs der industriellen Revolution erstreckte, einfach weil sie wegen der universalen Beschleunigung des Geschichtsprozesses weniger lang andauerte und von vielen Ereignissen überlagert wurde, die sich mehr in das Geschichtsbewußtsein eingegraben haben, wie beispielsweise den preußisch-österreichischen Krieg 1866 oder den deutsch-französischen Krieg 1870. Nichtsdestoweniger war die Zeit um 1870 von eindeutigen Wirtschaftskrisen (1866/67; 1873) und einer ausgemachten wirtschaftlichen Umbruchssituation gekennzeichnet. In der Folgezeit setzte wieder eine spürbare Aufschwungphase ein, was sich an der stürmischen industriellen Entwicklung, der Gründung zahlreicher neuer Unternehmen, darunter ausgesprochenen Großunternehmen, an der Zunahme der Industriearbeiter und ihrer Konzentration und an den zahlreichen technologischen Innovationen eindrucksvoll belegen läßt.

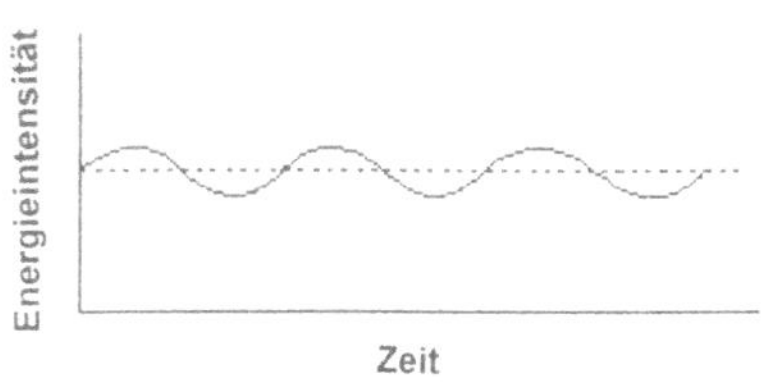

Abb. 7.22: Schema der zeitlichen Invarianz der (Nutz-)Energieintensität der Wirtschaftskraft in geschichtlichen Zeiträumen

Im übrigen - und damit soll die Untersuchung der Energieintensität abgeschlossen werden - ist mit Verweis auf das zitierte Entwicklungsbild der Energieintensität in /37/ interessant, daß die Autoren - gewissermaßen bedauernd - feststellen, daß die dahinter sichtbare Effizienzverbesserung der letzten Jahrzehnte „ohne besondere Absicht“ zustande kam, eher als „Nebenprodukt des allgemeinen technischen Fortschritts“. Läßt sich das nicht einfach so erklären, daß sich hierin eine allgemeine objektive Gesetzmäßigkeit der universalen wirtschaftlichen Evolution ausdrückt?

7.6 Zeitabschätzungen

Die bisher verwendeten Zeitangaben, beispielsweise in der Tabelle 7.1, sind zu grob, um damit Aussagen für eine künftige Entwicklung machen zu können. Sie sollen präzisiert werden.
Als ein Festpunkt wird das Jahr 1990 angenommen. Das aus zwei Gründen:

- der Zusammenbruch des sowjetsozialistischen Wirtschaftssystems hat sich vollzogen; damit wird in Übereinstimmung mit Anhang 1 der Entwicklungszustand ***D*** bzw. ***D′*** gekennzeichnet; er markiert einen Wendepunkt der Entwicklung;

- entsprechend den Untersuchungen in den vorangegangenen Abschnitten wird ein Sättigungszustand erreicht, zumindest, was die energiewirtschaftlichen Entwicklungsdaten in einigen Industrieländern anbelangt; auch das signalisiert eine Zäsur in der Entwicklung.

Damit haben sich seit Beginn der 1. industriellen Revolution insgesamt drei Entwicklungsabschnitte herausgebildet, die energiewirtschaftlich relevant sind: der erste - entsprechend den Darlegungen im Anhang 1 als Grundzustand ***C*** bezeichnet - von Beginn des 19. Jahrhunderts bis etwa 1870; der zweite - als Zwischenzustand ***CD*** bezeichnet - von etwa 1870 bis etwa 1930 - und schließlich der dritte - als Grundzustand ***D*** bzw. ***D′*** bezeichnet - von etwa 1930 bis etwa 1990. Zur zeitlichen Zäsur 1870 verweise ich auf die Darlegungen im vorangegangenen Abschnitt.

Projiziert man die näherungsweise auszumachende Periodisierung von etwa 60 Jahren in die nahe Zukunft (das ist natürlich nur eine bestenfalls plausible Annahme), so müßten sich zwei weitere energiewirtschaftlich relevante Zeitabschnitte anschließen: nämlich einer von etwa 1990 bis etwa 2050 - er würde dem Zwischenzustand ***DE*** nach Anhang 1 entsprechen - und einer von etwa 2060 bis etwa 2110 - er würde dem Grundzustand ***E*** nach Anhang 1 entsprechen.
Der Zeitabschnitt von 1990 bis 2050 ist energiewirtschaftlich weiter durch die Dominanz des elektrischen Stroms als charakteristischer Energie gekennzeichnet, der folgende Zeitabschnitt von 2050 bis 2110 durch die Ablösung des elektrischen Stroms als charakteristischer Energie durch eine neue charakteristische Energie, möglicherweise den Wasserstoff.
In den bisherigen Darlegungen ist für den unmittelbar vor uns liegenden Zeitabschnitt keine quantitative Aussage zum spezifischen Energieverbrauch gemacht worden. Im Anhang 2 wird der Versuch unternommen, eine solche Aussage für Fünf-Jahres-Abschnitte abzuleiten.
Für den darauf folgenden Zeitabschnitt gibt es eine quantitative Aussage, nämlich den neuen charakteristischen spezifischen Energieverbrauch, der in Tabelle 7.1 mit 128000 kWh angegeben ist. In Übereinstimmung mit Anhang 2 wird dieser Wert als 90 %-Grenze des Sättigungswertes interpretiert, der vor Ablauf der Zeitspanne von etwa 60 Jahren erreicht wird. Es ist plausibel und erfolgt in Übereinstimmung mit der im Anhang 2 praktizierten Verfahrensweise, ihn zehn Jahre vor Ablauf der Periode zu plazieren, in diesem Fall also in das Jahr 2100.

Zwischen dem charakteristischen spezifischen Energieverbrauch am Ende der Periode, die 1990 endet, in Höhe von 32000 kWh und dem Wert im Jahr 2100 von 128000 kWh liegt der bekannte Faktor vier.
Um Aussagen für den Zeitabschnitt bis 2050 zu erhalten, könnte dieser Faktor vier wie folgt gleichmäßig aufgeteilt werden:

$$4 = 2 \cdot 2$$

Da aber der vor uns liegende Entwicklungszustand „nur" einen Zwischenzustand - gewissermaßen als Anhang und Fortsetzung des davor liegenden Grundzustands - darstellt, andererseits aber der von 2050 bis 2110 reichende Zustand wieder ein Grundzustand ist, ist es vernünftig anzunehmen, daß die wirtschaftliche Entwicklung in beiden Zuständen nicht gleichgewichtig, sondern unterschiedlich ist. Dabei gebührt dem Grundzustand das größere Gewicht. Aus diesem Grunde wird der Faktor vier wie folgt aufgespaltet:

$$4 = 1{,}6 \cdot 2{,}5$$

Das Jahr 1990 hat vereinbarungsgemäß einen Ordinatenwert, der etwa 90 % des erwarteten Sättigungswertes beträgt. Diesem 90 -%-Wert entspricht dann die be-

kannte Zahl von 32000 kWh für den spezifischen charakteristischen Energieverbrauch. Der 100-%-Wert beträgt dann 32000/0,9 = 35555 kWh. Er wird für das Jahr 2000 angenommen.
Damit erhält man für die 90-%-Grenze des Sättigungswertes der nächsten Entwicklungsperiode, die - analog zu 1990 - in das Jahr 2040 fällt, den spezifischen Energieverbrauch von

$$35555 \text{ kWh} \cdot 1{,}6 = 56888 \text{ kWh}$$

Diese nächste Entwicklungsperiode wird also einen Anstieg des spezifischen Energieverbrauches um

$$56888 \text{ kWh} - 35555 \text{ kWh} = 21333 \text{ kWh}$$

mit sich bringen. Weitere Werte sind in Anhang 2 enthalten.

An dieser Stelle muß noch einmal darauf hingewiesen werden, daß es sich bei den genannten spezifischen Energieverbrauchswerten (Pro-Kopf-Werten) um charakteristische Werte für ein fortgeschrittenes Industrieland, das sich nicht durch eine substantielle Energieverschwendung, sondern durch rationelle Energienutzung entsprechend dem Stand von Wirtschaft und Technik auszeichnet, handelt. Damit sind das keine Durchschnittswerte für die Welt als ganzes oder für bestimmte Regionen. Und es handelt sich um Verteilungsenergie, nicht um Primärenergie.
Das muß beachtet werden, wenn Vergleiche mit anderen Energieprognosen angestellt werden.

Um die Vergleichbarkeit mit gängigen Energieprognosen zu erleichtern, um andererseits aber auch eine konkrete Vorstellung zu erhalten, welch eine immense Dimension des Zuwachses sich auftut, wenn man die abgeleiteten Zahlen tatsächlich der künftigen Energieverbrauchsentwicklung zugrunde legt, soll folgendes Zahlenbeispiel durchgerechnet werden:
Angenommen wird etwa heute (was annähernd auch anderen gängigen Prognosen zugrunde liegt)

- ein gesamter jährlicher Verbrauch an Primärenergie für die Welt von 12,1 Mrd. t SKE
- ein durchschnittlicher jährlicher Pro-Kopf-Verbrauch an Primärenergie in der Welt von 2,2 t SKE
- ein jährlicher Pro-Kopf-Verbrauch an Primärenergie in den fortgeschrittenen Industrieländern von etwa 6 t SKE (ohne USA gerechnet!)
- ein jährlicher Pro-Kopf-Verbrauch an Primärenergie in den USA von etwa 12 t SKE

- ein jährlicher Pro-Kopf-Verbrauch an Primärenergie in den übrigen Ländern von etwa 1 t SKE
- eine Weltbevölkerung von 5,5 Mrd. Menschen
- eine Bevölkerung in den fortgeschrittenen Industrieländern (ohne USA) von 0,75 Mrd. Menschen
- eine Bevölkerung der USA von 0,25 Mrd. Menschen
- eine Bevölkerung in den übrigen Ländern von etwa 4,5 Mrd. Menschen

Nunmehr soll eine Abschätzung für den gesamten jährlichen Verbrauch an Primärenergie für das Jahr 2100 vorgenommen werden, unter den Voraussetzungen, daß

- der spezifische Energieverbrauch der USA sich dem der fortgeschrittenen übrigen Industrieländer annähert, das heißt weniger schnell wächst

- der spezifische Energieverbrauch der fortgeschrittenen Industrieländer auf das Dreifache steigt (der spezifische Verbrauch an Verteilungsenergie steigt, wie bekannt, vermutlich auf das Vierfache; hier wird also eine Verbesserung des Umwandlungswirkungsgrades in Rechnung gestellt!)

- der spezifische Energieverbrauch aller übrigen Länder sich dem Verbrauch der fortgeschrittenen Industrieländer angleicht (einheitliche Weltwirtschaft; überall gleiche wirtschaftliche Entwicklungschancen)

- sich die Weltbevölkerung auf etwa 12 Mrd. Menschen erhöht

Unter diesen Prämissen ergibt sich ein spezifischer Energieverbrauch von

$$6 \text{ t SKE} \cdot 3 = 18 \text{ t SKE}$$

im Jahr 2100.
Das, multipliziert mit 12 Mrd. Menschen, ergibt eine obere Abschätzung für den gesamten jährlichen Verbrauch an Primärenergie im Jahr 2100 von 216 Mrd. t SKE. Das ist in reichlich 100 Jahren das 18fache des heutigen Verbrauchs an Primärenergie, hervorgerufen durch die Weiterentwicklung in den führenden Industrieländern und durch den Nachholbedarf der übrigen Länder - und aus heutiger Sicht eine erschreckende, möglicherweise „unwirkliche" Größe. Natürlich ist das ganze nur eine sehr grobe Abschätzung, aber immerhin eine errechnete Größe unter durchaus plausiblen Annahmen.
Gegen diese Zahlen, die möglicherweise zu hoch abgeschätzt wurden, erweisen sich nichtsdestoweniger heutige Überlegungen, die von einer Verdoppelung des Primärenergieverbrauchs bis zum Jahre 2050 ausgehen, das heißt unter sonst gleichen Prämissen vielleicht von einer Vervierfachung bis 2100, doch als höchst illusionär.

Reduzierungen sind mathematisch denkbar, wenn

- die Bevölkerung weniger schnell wächst (bis 2050 wird jedoch schon ein Wachstum auf 10,1 Mrd. Menschen prognostiziert); ist diese Annahme realistisch?

- der Pro-Kopf-Verbrauch an Primärenergie in den fortgeschrittenen Ländern nicht steigt und alle Länder sich auf diesen Verbrauch einpegeln; für die USA hieße das eine Halbierung, für die Schwellen- und Entwicklungsländer ein deutlicher Anstieg (dann würde der jährliche Verbrauch an Primärenergie immer noch 12 Mrd. · 6 t SKE = 72 Mrd. t SKE betragen); ist diese Annahme realistisch?

- der Pro-Kopf-Verbrauch der führenden Industrieländer sinkt, beispielsweise auf 4 t SKE, und dann dieser Wert von allen anderen Ländern angenommen wird (dann kämen immer noch 48 Mrd. t SKE heraus, das 4fache gegen heute); ist diese Annahme realistisch?

- der Pro-Kopf-Verbrauch der führenden Industrieländer auf beispielsweise 4 t SKE sinkt, die USA eingeschlossen, und die übrigen Länder sich mit dem halben Pro-Kopf-Verbrauch zufrieden geben, also mit 2 t SKE (dann würde sich der gesamte Verbrauch an Primärenergie gegenüber heute nur reichlich verdoppeln, und zwar dann, wenn der gesamte Bevölkerungszuwachs außerhalb der führenden Industrieländer vor sich geht: 1 Mrd. · 4 t SKE + 11 Mrd. · 2 t SKE = 26 Mrd. t SKE gesamt); ist diese Annahme realistisch?

Mit diesen Fragestellungen soll der Abschnitt beendet werden. Auf solche Langzeitprognosen werde ich noch einmal im Kapitel 10 zurückkommen. Jedoch gleichgültig, wie intelligent-restriktiv die Zukunftsannahmen getroffen werden, man tut gut daran, sich auf einen substantiellen Zuwachs des Energieverbrauchs in den kommenden 100 Jahren einzustellen, und zwar sowohl absolut als auch spezifisch.

8 Die Entwicklungslage am Ausgang des 20. Jahrhunderts

Nach den Untersuchungsergebnissen der vorangegangenen drei Kapitel liegt der Schluß nahe, daß sich die Wirtschaftskraft eines Wirtschaftsorganismus im Rahmen der universalen wirtschaftlichen Evolution historisch in einer gewissen Synchronität zur Energieverbrauchsentwicklung vollzieht. Die Kopplung zwischen beiden ist elastisch. Der Energieverbrauch wird qualitativ durch die Folge charakteristischer Energien und quantitativ durch den spezifischen Verbrauch an Verteilungsenergie gesamt, der an einem bestimmten Entwicklungspunkt - nämlich am 90%-Sättigungswert bzw. an der Stelle maximaler konvexer Krümmung der S-Kurve - ebenfalls einen charakteristischen Wert annimmt, gekennzeichnet.
Damit wird eine charakteristische Periodisierung der Entwicklung der Energiewirtschaft sichtbar, die mit identifizierten Epochen der universalen wirtschaftlichen Evolution korrespondiert.

Dieser Zuordnung der energiewirtschaftlichen Epochen zu den Epochen der universalen Wirtschaftsentwicklung sollen im folgenden noch einige weitere Überlegungen angeschlossen werden.
Als die gebundene menschliche Muskelkraft als historisch erste charakteristische Energie identifiziert wurde, wurde bereits im Kapitel 6 darauf hingewiesen, daß die Nutzung der gebundenen menschlichen Muskelkraft nicht mit der Existenz des Römischen Imperiums beendet war. Zwar wurden die Sklaven freigelassen, und es wandelten sich die herrschenden Wirtschaftsverhältnisse in substantieller Art. In der Folgezeit blieb jedoch die - veränderte - gebundene menschliche Muskelkraft wirtschaftlich bestimmend. Das ganze Mittelalter hindurch war diese Art Muskelkraft (der Leibeigenen usw.) für die Wirtschaftsverhältnisse charakteristisch.
Festzuhalten ist daher, daß die gebundene menschliche Muskelkraft nicht nur für die römische Antike charakteristische Energie war, sondern auch für die nachfolgende Wirtschaftsepoche.

Eine neue charakteristische Energie, der Dampf, wurde erst mit der danach folgenden Epoche, der 1. industriellen Revolution, der Industriegesellschaft, geschichtliche Realität.

Das veranlaßt uns nunmehr zu untersuchen, ob eine solche zweite „Amtsperiode" einer charakteristischen Energie auch für die Nachfolger der gebundenen menschlichen Muskelkraft auszumachen ist. Das heißt also, ob es auch für den Dampf und den elektrischen Strom eine zweite Wirtschaftsepoche gibt, für die diese Energien ebenfalls charakteristische sind.

Grafik 6: Dampfenergienutzung

In der Tat, so ist es.
Zuerst sollen die Verhältnisse beim Dampf untersucht werden. In der zweiten Hälfte des 19. Jahrhunderts haben sich die wirtschaftlichen Verhältnisse der Industriegesellschaft, die in deren erster Entwicklungsperiode durch eine beinahe absolute, freie Konkurrenz, durch den sogenannten Manchester-Liberalismus, gekennzeichnet war, wesentlich verändert. Wirtschaftliche Koalitionen sind entstanden, sowohl auf Unternehmer- als auch auf Arbeitnehmerseite. Die freie Konkurrenz wurde wesentlich eingeschränkt. Monopole und Gewerkschaften bildeten sich heraus.
Der Dampf war noch lange die technische Grundlage der Wirtschaft, obwohl inzwischen die Siemenssche Erfindung des Dynamoprinzips erfolgt war, die dann einer nachfolgenden Epoche, der des 20. Jahrhunderts, das Gepräge gab. Technische und wirtschaftliche Innovationen gab es en masse. Auf dem Gebiet der Dampfnutzung sei beispielhaft die Erfindung der Dampfturbine durch Parson 1884/1886 genannt.
Am Ende des 19. Jahrhunderts wird in der Welt die installierte Dampfmaschinenleistung mit etwa 60 Mio PS in etwa 2 Millionen Dampfmaschinen beziffert.

Nunmehr zum elektrischen Strom. Der Strom ist charakteristische Energie des 20. Jahrhunderts. Die mit ihm verbundene weltweite 2. industrielle Revolution geht jedoch zu Ende bzw. ist inzwischen zu Ende gegangen. Wesentliche Einschnitte in den Wirtschaftsverhältnissen lassen sich mit dem Jahr 1990 in Verbindung bringen, in dem das Sowjetimperium zusammengebrochen ist. Vermutlich werden die damit im Zusammenhang stehenden Veränderungen das System der Weltwirtschaft noch über viele Jahre hinweg prägen.

Ohne hier auf weitergehende Spekulationen einzugehen, wird die Zeit um 1990 als charakteristisch dafür angesehen, daß erneut eine wichtige Epoche universaler wirtschaftlicher Evolution zu Ende gegangen ist. Und es soll an dieser Stelle zunächst gleichgültig sein, ob das, was nun folgt, mit Informationsgesellschaft oder Dienstleistungsgesellschaft oder schlicht mit postindustrieller Epoche beschrieben wird. Auffällig ist jedoch, daß in vielen aktuellen Verlautbarungen tatsächlich davon die Rede ist, daß wir am Beginn grundsätzlicher struktureller Wandlungen in der Wirtschaft stehen, insbesondere - aber nicht nur - in Richtung Globalisierung. Das kann man unschwer in den Reden zahlreicher Politiker verfolgen, die über die Tagesnachrichten verbreitet werden. Deshalb soll hier auf Einzelzitate verzichtet werden.

Wenn wir nunmehr energiewirtschaftlich den Analogieschluß zur römischen Antike und zur ursprünglichen Industriegesellschaft ziehen, dann hat mit diesem jetzt anstehenden Wechsel in den Wirtschaftsverhältnissen am Ende des 20. Jahrhunderts auch der elektrische Strom seine „erste“ Entwicklungsetappe als charakteristische

Energie abgeschlossen, das heißt, die erste S-Kurve der „zuständigen“ Doppel-S-Kurve hat sich weitgehend vollendet. Sättigung wird sichtbar.
Eine „zweite“ Etappe steht dem Strom bevor, in Verbindung mit sich wesentlich ändernden Wirtschaftsverhältnissen. Damit wird eine erneute S-Kurve, nämlich die zweite der „zuständigen“ Doppel-S-Kurve, beginnen.

Das ist die grundsätzliche Lage am Ausgang des 20. Jahrhunderts. Aus diesem Grund wurden im vorangegangenen Kapitel - und werden in der Zukunft - Indizien dafür gesucht, die eine Sättigung des spezifischen Energieverbrauchs und einen darauffolgenden steileren Wiederanstieg des Energieverbrauchs signalisieren.
Dieser Wiederanstieg des spezifischen Energieverbrauchs sollte dann mit einem erneuten grundsätzlichen und anhaltenden Wachstumsschub der Wirtschaft verbunden sein.

Was vermag denn der Strom in dieser zweiten Entwicklungsphase technisch und wirtschaftlich zu bewirken? Seine Eigenschaften sind doch bekannt; seine Möglichkeiten sind weitgehend ausgereizt. Hinzu kommt, daß der Strom nach gängiger Meinung ja nicht ohne Probleme erzeugt werden kann, weswegen man ihn dann nach aller Logik so wenig wie möglich in Anspruch nehmen sollte.
Wenn es beim bisher Bekannten bliebe, dann allerdings gäbe es keine „Renaissance“ des Stroms. Tatsächlich aber deuten sich vielfältige neue Möglichkeiten der Stromanwendung an, die künftig die Nachfrage nach Strom substantiell erhöhen sollten. Das umfaßt sowohl Anwendungen, die bekannt sind und in gewissem Umfang auch praktiziert werden, die aber nun wahrscheinlich eine neue, ungleich größere Marktchance erhalten werden, als auch neue Anwendungen, die bisher wirtschaftlich keine Rolle gespielt haben.
Zu den Anwendungen der ersten Art gehört beispielsweise der Stromeinsatz für die *Raumheizung* und zum Antrieb von Pumpeinrichtungen. Nachtspeicherheizung war bisher eher eine Randerscheinung der Raumheizung. Mit verbesserter Wärmedämmung der Gebäude könnte die elektrische Heizung von Räumen wirtschaftlich attraktiv werden. Sie bietet mindestens den gleichen Komfort wie die Öl- oder Gasheizung und hat in puncto Handling und Sicherheit sogar deutliche Vorteile. Mit einer entsprechend flexiblen Tarifgestaltung über den Tageslauf durch die Energieversorger sollte es möglich sein, die Nachteile der Nachtspeicherheizung für den Verbraucher zu beseitigen und die Wärmebereitstellung zu vernünftigen Preisen im wesentlichen dann zu gewähren, wenn sie benötigt wird. Eine „einschienige“ Energieversorgung mit der damit verbundenen Verringerung der Installationskosten ließe sich verwirklichen.
Elektroantrieb von Pumpeinrichtungen könnte beispielsweise dann von überragendem wirtschaftlichen Interesse werden (und selbstverständlich über das bisher angewandte Maß hinaus), wenn in größerem Umfang Meer- und Brackwasser zu *Trinkwasser* aufbereitet werden muß. (Zusätzlich würde dazu auch noch Prozeßwärme benötigt.) Der Umstand, daß etwa 97,5 % des Wassers der Erde Meer-

oder Brackwasser ist (und der verbleibende Rest noch zu einem erheblichen Teil in Eis gebunden ist), wird zwangsläufig dazu führen, solches Wasser künftig für den menschlichen Bedarf aufzubereiten.
Weitere Einsatzmöglichkeiten des Stroms zur Verbesserung der Umwelt, darunter im Verkehr, bei der Filterung von Industrieemissionen, der Abwasseraufbereitung, beim Recycling von Industrieabfällen und Geräteaussonderungen, bei der Bodenbearbeitung, bei der Zurückdrängung von Wüsten durch Bewässerung, um nur einige beispielhaft aufzuführen, gehören zu diesen Anwendungen der ersten Art.
Zu den Anwendungen der zweiten Art gehören alle die Prozesse, die gegenwärtig trotz anhaltender gesamtwirtschaftlicher Zurückhaltung eine stürmische Entwicklung erfahren, darunter die Informations- und Datenverarbeitung, die Kommunikationstechnik, die Prozeßautomatisierung usw. Es handelt sich dabei sowohl um bekannte als auch noch zu erwartende Anwendungen. Diese Innovationen sind fast durchweg mit der Anwendung von Elektrizität verknüpft.
Die Stromwirtschaft kleidet diese Ausdehnung der Anwendungsfelder des Stroms - bei gleichzeitiger Einsparung bei den bekannten und genutzten Anwendungen - in die „griffige“ Formel: Immer weniger Strom je Anwendung; immer mehr Anwendungen mit Strom /34/[1].

Mit Blick auf neue technische und technologische Entwicklungen ist es einfach nicht vorstellbar, daß sie ohne das Werkzeug „Elektrizität“ erfolgreich angegangen werden könnten. Der Strom bleibt also für die nächste Zeit (und dabei handelt es sich um mehrere Jahrzehnte) so etwas wie ein Schlüssel der Zukunft.
Selbstverständlich verändert sich der Strom hinsichtlich seiner physikalisch bestimmten Eigenschaften nicht. Es sind neue *wirtschaftliche* Wirkungsbedingungen, die er erleben wird.

Gerade diese Rolle, die der Strom in der weiteren Wirtschaftsentwicklung objektiv einnimmt, gebietet, sich etwas tiefgründiger mit den bereits angedeuteten Problemen der Stromdarstellung auseinanderzusetzen. Sie beziehen sich auf

- die Inanspruchnahme von materiellen *Ressourcen*
- den *Umweltschutz*
- die *Sicherheit*

Dabei entspricht es meiner Grundüberzeugung, nicht nur einseitig Lasten in Betracht zu ziehen, *sondern immer die Gesamtheit von Nutzen und Lasten zu untersuchen.* (Bezieht man sich einseitig auf die Lasten, kann man die Untersuchung eigentlich getrost einstellen, da alles, was man im Zusammenhang mit der Wirtschaft betrachtet, immer mit gewissen Lasten verbunden ist. Andererseits ist die Wirtschaft unbestritten die Grundlage unseres sozialen und heute praktisch auch unseres biologischen Lebens. Das heißt, der Nutzen tritt in den Vordergrund.) Durch diese ganzheitliche Betrachtung von Nutzen und Lasten sind - gewisserma-

[1] S. 25.

ßen automatisch - die Fragen von Ökonomie und Sozialverträglichkeit gebührend berücksichtigt.

Es liegt in der Natur der Sache - und ich denke, hierbei kann ich von einem allgemeinen Konsens ausgehen -, daß bei den folgenden Nachhaltigkeitsbetrachtungen für die Stromgewinnung einige der in Frage kommenden regenerativen Quellen, damit ist vorrangig Sonne und Wind gemeint, praktisch keine Rolle spielen, da sie in bezug auf Ressourcen, Umwelt und Sicherheit nahezu „problemlos“ sind. Ich werde mich daher auf die anderen Quellen konzentrieren.

Bei den endlichen materiellen *Ressourcen* der Natur, die für die Stromgewinnung in Anspruch genommen werden, handelt es sich heute vorrangig um kohlenstoffhaltige Brennstoffe, um Wasser zur Kühlung und zur Prozeßführung, bei Wasserkraftwerken auch als Primärenergie, um Luft zur Verbrennung und um Grundstücksflächen zur Errichtung der erforderlichen baulichen Anlagen.
Hinsichtlich der Ressourcenproblematik spielen Primärenergien, die nicht zu den kohlenstoffhaltigen Brennstoffen gehören, praktisch keine Rolle. Das gilt auch für das Wasser von Laufwasserkraftwerken, das nach der energetischen Nutzung der Fallhöhe quasi „unbeschädigt“ für andere Nutzungen zur Verfügung steht. Wind wird ohnehin nicht beeinträchtigt; die Sonne auch nicht. Auch Kernbrennstoffe sind unter dem Gesichtspunkt der Inanspruchnahme knapper Ressourcen ohne Bedeutung, weil sie sonst kaum eine stoffwirtschaftliche Verwendung finden und außerdem durch Brutprozesse vermehrt werden können. (Für Natrium, Helium oder andere Betriebsstoffe, die möglicherweise in Kernkraftwerken der Zukunft zum Einsatz kommen könnten, gilt das zum Wasser bei Wasserkraftwerken Gesagte sinngemäß auch.)

Für die kohlenstoffhaltigen Brennstoffe sieht das jedoch ganz anders aus.
Die heutigen, aufwendig aus dem Erdboden extrahierten kohlenstoffhaltigen Brennstoffe (fossile Brennstoffe - fest, flüssig, gasförmig -) wurden über einen Zeitraum von Millionen Jahren über Biomasse aus Sonnenenergie gebildet und können heute nicht mehr nennenswert nachgebildet werden. Sie sind endlich und nehmen mit dem Verbrauch unwiederbringlich ab. Diese fossilen Brennstoffe tragen heute den Großteil der Stromgewinnung.
Auf der Erdoberfläche angebaute und gewachsene kohlenstoffhaltige Brennstoffe, allen voran Holz, sind nur dann als regenerativ - und damit von der Ressourcenproblematik nicht betroffen - einzustufen, wenn der jeweilige Verbrauch mit dem jeweiligen Anbau quantitativ und qualitativ im Gleichklang erfolgt. Dieser Teil wird jedoch kaum zur Stromgewinnung eingesetzt.
Das heißt zusammengefaßt, daß kohlenstoffhaltige Brennstoffe für die Stromgewinnung nur noch zeitbefristet eingesetzt werden können. Die Zeitbefristung wird jedoch nicht deswegen artikuliert, um unseren Nachfahren diese Brennstoffe zur Verbrennung zu hinterlassen. Die Verbrennung fossiler Kohlenstoffträger werden

unsere Nachfahren voraussichtlich nicht brauchen. Nachfolgende Generationen werden zur Deckung ihres Energiebedarfs ganz andere Möglichkeiten haben, wie eben unsere heutige Generation auch im Vergleich zu früheren Generationen. Kohlenstoffhaltige Brennstoffe können deswegen nur noch zeitbefristet zur Stromgewinnung eingesetzt werden, weil sie 1. nur noch in endlicher Menge vorhanden sind und weil sie 2. lange vor dem Ende der „Verbrennungsära" geschont werden sollten, um noch für längere Zeit für stoffwirtschaftliche Prozesse zur Verfügung zu stehen, für die sie nicht ohne weiteres substituiert werden können, ganz im Gegensatz zur Stromgewinnung, die eben auch anders erfolgen kann.
Innerhalb der fossilen Brennstoffe gibt es aus dem gleichen Grund, der stoffwirtschaftlichen Nutzung, auch Abstufungen in der „Wertigkeit" für die Verbrennung. Hochwertige fossile Brennstoffe wie Öl oder Gas sind für die Verbrennung mit dem Ziel Stromgewinnung viel zu „kostbar", viel zu schade; sie sollten vorrangig der stoffwirtschaftlichen Nutzung zugeführt werden. Kohlen dagegen stehen noch lange, aber natürlich nur endlich lange, für die Verbrennung zur Verfügung. Aus der Sicht der Ressourcenproblematik ist es unverständlich, wenn heute die Verbrennung von Öl und Gas zur Stromgewinnung forciert und die der Kohlen zurückgedrängt werden soll. Nachhaltiges Wirtschaften erfordert genau die gegenteilige Haltung.

In einer zusammenfassenden Analyse der Verfügbarkeit von Energierohstoffen (und keineswegs nur zur Stromerzeugung, zu dieser aber auch) kommt Voß /35/ zu folgendem Fazit: „Betrachtet man die Gesamtheit der uns zur Verfügung stehenden Energievorräte und -potentiale, so scheint die Feststellung gerechtfertigt, daß Energie im Prinzip nicht knapp ist."

Als nächstes zur Ressource Wasser, in seiner Verwendung zur Kühlung und zur Prozeßführung. Hierbei sind die Verluste zu kompensieren; das betrifft vor allem den Kühlturmbetrieb. Das Wasser wird aus lokalen Reserven genommen; dafür wird ein entsprechendes Entgelt entrichtet. Ein Ressourcenverlust tritt nicht auf; das Wasser geht als Substanz in den natürlichen Kreislauf zurück.

Die Luft, die zur Verbrennung benötigt wird, wird dem „Gemeingut" Lufthülle der Erde entnommen. Dabei wird dieser Lufthülle laufend Sauerstoff entzogen, Sauerstoff, der auch zum Atmen von Mensch und Tier benötigt wird. Das erfolgte für natürliche Verbrennungsprozesse schon vor der Menschwerdung, für wirtschaftliche Prozesse seit der Zeit, seit der Mensch wirtschaftet. Allerdings sind die Mengen, die heute an Sauerstoff bei der Kohlenstoffverbrennung umgesetzt werden, um ein vielfaches höher als in früheren Zeiten. In einem solchen Fall, in dem zwangsweise dem Gemeingut Lufthülle der Erde Sauerstoff entzogen werden muß, darf das logischerweise nur bis zu dem Umfang erfolgen, in dem dieser Sauerstoff auch wieder nachgebildet wird, durch natürliche Prozesse wie die Photosynthese von Naturpflanzen, aber auch durch wirtschaftliche Prozesse, wie sie beispielsweise in der Land- und Forstwirtschaft betrieben werden. Das erfordert eine weltweite Bilanzierung von Verbrauch und Aufkommen sowie eine regelmäßige weltweite Messung des Sauerstoffgehalts der Atmosphäre. Bisher ist auf diesem Gebiet die Stromwirtschaft noch nicht an bedenkenswerte Grenzen gestoßen - das kann aber für die Zukunft nicht generell ausgeschlossen werden - ; die Stromwirtschaft besitzt selbst Einflußmöglichkeiten auf die Entwicklung, nämlich durch Einschränkung der Kohlenstoffverbrennung zugunsten von physikalisch basierten Stromgewinnungstechnologien. Bezieht man gar die Land- und Forstwirtschaft in den Bilanzkreis der Stromwirtschaft mit ein, sollten keine unlösbaren Ressourcenprobleme bezüglich Luft vorhanden sein.

Bezüglich der benötigten Inanspruchnahme von Grundstücksflächen gibt es bis auf eine (allerdings gewichtige) Ausnahme keine Probleme, da sie nur zeitweilig erfolgt und die Fläche nach Gebrauch prinzipiell wieder in den Ausgangszustand versetzt werden kann. Selbst bei Kernkraftwerken, die vermutlich die höchsten Sanierungsanforderungen stellen, ist diese Verfahrensweise bereits erfolgreich erprobt worden (KKW Niederaichbach). Im übrigen gibt es derzeit genügend alte Industriebrachen, die sinnvollerweise genutzt und nach Gebrauch in einem „besseren" Zustand wieder zurückgegeben werden könnten, als sie zur Zeit sind. Die Ausnahme, von der gesprochen wurde, bezieht sich auf den Aufschluß von Tagebauen, in Deutschland ausschließlich zu Braunkohlegewinnung. Diese Flächen können zwar ebenfalls rekultiviert werden, aber erst nach langer Zeit, und sie können nicht mehr in den Zustand zurück versetzt werden, den sie vor der Nutzung hatten. Das bedeutet zwar nicht, daß der neue Zustand einen „schlechteren" Lebenswert haben müßte als der Ausgangszustand, sondern möglicherweise sogar einen viel besseren, aber nicht mehr für die Generation von Menschen, die diese Flächen aufgeben mußten. Ich leite daraus die Schlußfolgerung ab, daß es auf lange Sicht bezüglich der Inanspruchnahme von Flächen im Sinne der Ressourcenerhaltung zwar keine unlösbaren Probleme gibt, daß jedoch der Neuaufschluß von Tagebauen heute und für eine begrenzte Zeit nur noch dann zu rechtfertigen ist, wenn außergewöhnliche Umstände - natürliche wie vor allem wirtschaftliche - das erfordern. In der Regel sollte das in dicht besiedelten Gegenden zukünftig nicht mehr vollzogen werden.

Zusammenfassend läßt sich also sachlich festhalten:

Unter dem Gesichtspunkt der Inanspruchnahme materieller natürlicher Ressourcen gibt es keine grundsätzliche Beschränkung für die wachsende Stromgewinnung.

Nunmehr zum *Umweltschutz.*
Auch hier sind vorrangig nur die Probleme im Zusammenhang mit der Kohlenstoffverbrennung von Bedeutung. Eine gewisse, wenn auch sehr viel geringere und lokal begrenzte Umweltrelevanz besitzen die Wasserkraftwerke. Sie können in die

Mikroflora und Mikrofauna eingreifen und das lokale Klima beeinflussen. Kernkraftwerke können in ihrer Umweltrelevanz gegen „Null" gefahren werden, da laufende Emissionen technisch deutlich unter natürlichen Größen gehalten werden können.
Bleibt also die Verbrennung fossiler und frischer kohlenstoffhaltiger Substanzen. Sie sind vor allem mit Emissionen in die Lufthülle der Erde verbunden, dazu mit der Bildung von Aschen und Schlacken sowie gegebenenfalls mit Schadstoff- und Wärmeabgaben in lokale Gewässer.
Der wichtigste Eintrag in die Biosphäre findet auf dem Luftpfad statt. Mengenmäßig steht hierbei das Kohlendioxid an erster Stelle. Jährlich werden durch die Stromwirtschaft weltweit einige Milliarden Tonnen davon in die Atmosphäre eingetragen. Dieser Eintrag korrespondiert mit dem im Abschnitt Ressourcen behandelten Sauerstoffverbrauch bei der Verbrennung. Aber Kohlendioxid ist kein Schadstoff, sondern ein lebensnotwendiger Stoff, der integraler Bestandteil der natürlichen Lufthülle der Erde ist. Für ihn gilt also die klare Forderung, nicht mehr einzutragen als andererseits wieder ausgetragen wird. Daraus wird deutlich, daß es unumgänglich ist, eine möglichst genaue Bilanz zwischen Eintrag und Austrag aufzustellen, sie fortlaufend zu überprüfen und den Gehalt an Kohlendioxid laufend zu messen. Das wird getan.
Die Überlegung dabei ist, die sehr komplexen natürlichen Prozesse von Eintrag und Austrag des Kohlendioxids nicht durch den Menschen so zu stören, daß das überaus dynamische natürliche Gleichgewicht in unserer Zeit aus den Fugen gerät. (Dabei ist zu beachten, daß im Verlauf der Erdgeschichte dieser Gleichgewichtswert schon mehrfach ein ganz anderer war, deshalb die Erhaltung des „heutigen" Werts, auf dem nunmehr unsere biologische und soziale Existenz beruht.)
Wichtige *natürliche Kohlendioxideinträge* in die Atmosphäre erfolgen durch die Atmung von Mensch und Tier, die Verrottung und Verbrennung von fossiler und frischer Biomasse sowie durch die Entgasung des in den Oberflächenschichten der Ozeane gelösten Gases bei steigender Temperatur.
Wichtige *natürliche Austräge* des Kohlendioxids aus der Atmosphäre erfolgen durch das Pflanzenwachstum und durch Einlagerung in Meeresorganismen, beispielsweise in Form des Kalks der Muscheln, sowie durch Lösung des Gases in den Oberflächenschichten der Ozeane.
Solange die *anthropogenen Einträge* des Kohlendioxids durch die wirtschaftliche Verbrennung kohlenstoffhaltiger Substanzen zur Stromerzeugung und zu anderen wirtschaftlichen Zwecken in Kombination mit den natürlichen Einträgen die natürlichen *Austrags*prozesse des Kohlendioxids aus der Atmosphäre und die menschlichen Anstrengungen dazu durch die Land- und Forstwirtschaft nicht überfordern, wird das heutige dynamische Gleichgewicht nicht durch anthropogene Einflüsse verändert.
Symbolisch heißt das:

$$\mathbf{E}_{anth} + \mathbf{E}_{nat} = \mathbf{A}_{anth} + \mathbf{A}_{nat}$$

mit $\mathbf{E}_{anth}$ - Summe der anthropogenen Einträge
$\mathbf{E}_{nat}$ - Summe der natürlichen Einträge
$\mathbf{A}_{anth}$ - Summe der anthropogenen Austräge
$\mathbf{A}_{nat}$ - Summe der natürlichen Austräge

Unter der Voraussetzung, daß das heutige Gleichgewicht, das sich zwischen den natürlichen Einträgen und den natürlichen Austrägen eingestellt hat,

$$\mathbf{E}_{nat} \approx \mathbf{A}_{nat}$$

aufrechterhalten werden soll, ist die obige Gleichung gültig, wenn sich die anthropogenen Einträge und die anthropogenen Austräge ebenfalls die Waage halten, das heißt wenn gilt

$$\mathbf{E}_{anth} \approx \mathbf{A}_{anth}$$

oder wenn die anthropogenen Einflüsse sehr klein gegen die natürlichen sind, das heißt wenn gilt

$$\mathbf{E}_{anth} \ll \mathbf{E}_{nat} \quad \text{und} \quad \mathbf{A}_{anth} \ll \mathbf{A}_{nat}$$

Da die annähernde Gleichheit zwischen anthropogenen Einträgen und anthropogenen Austrägen nicht immer und ohne weiteres gewährleistet werden kann, ist man gut beraten, die anthropogenen Einflüsse insgesamt möglichst klein gegen die natürlichen zu halten. „Klein gegen“ heißt üblicherweise: die anthropogenen Einflüsse sollen weniger als 1 % der natürlichen Einflüsse betragen.
Um den Einfluß der Stromerzeuger auf den jährlichen Kohlendioxid*eintrag* weltweit abschätzen zu können, werden die von Barret /1/ vorgestellten Zahlen benutzt (dabei beziehen sich die angegebenen Zahlen auf den Kohlenstoffbetrag, der im Kohlendioxid enthalten ist; will man von ihm auf das Kohlendioxid schließen, muß man die Zahlen mit 3,664 multiplizieren):

122 Milliarden t	durch Atmung und natürliche Oxidationsprozesse
105 Milliarden t	durch „Entgasung“ aus den Oberflächenschichten der Ozeane
5 Milliarden t	durch Industrie, also anthropogen, davon 22 % nach /34/ durch Kraftwerke, das heißt etwa 1,2 Milliarden t dem Strom geschuldet

Diesem Eintrag steht ein jährlicher Kohlendioxidaustrag gegenüber (ebenfalls in Kohlenstoffäquivalentmengen ausgedrückt):

120 Milliarden t	durch Photosynthese

107 Milliarden t durch „Lösung“ in den Oberflächenschichten der Ozeane

Damit ist ohne die anthropogenen Einflüsse die natürliche Bilanz ausgeglichen, allerdings durch die vermehrte Aufnahme der Ozeane. Neuere Untersuchungen /25/ lassen den Schluß zu, daß die „Überschußproduktion“ der ländlichen Biosphäre vielleicht nur 1 Milliarde t Kohlenstoffäquivalent beträgt oder vielleicht gar nicht vorhanden ist, weil eben 1 Milliarde t jährlich durch die borealen und gemäßigten Wälder zusätzlich gespeichert werden. Das würde bedeuten, daß Ozeane zusätzliche, anthropogen verursachte Mengen an Kohlendioxid aufnehmen würden.

Damit sieht es nunmehr so aus, daß die oben genannte Grenzbedingung ($\ll E_{nat}$) möglicherweise bald erreicht werden wird oder vielleicht schon erreicht worden ist. Setzt man nämlich den Stromeintrag zum gesamten natürlichen Eintrag ins Verhältnis, erhält man 1,2/227 = 0,5 %, was noch innerhalb der Grenzforderung, aber nahe an ihr, liegt. Setzt man den gesamten anthropogenen Eintrag zum gesamten natürlichen Eintrag ins Verhältnis, erhält man 5/227 = 2,2 %, was bereits knapp über der genannten Grenzforderung liegt.

Das hieße, den Kohlendioxideintrag in die Atmosphäre nicht weiter substantiell zu vergrößern oder eben im gleichen Umfang Kohlendioxidausträge aus der Atmosphäre zu „organisieren“, das heißt vor allem Wälder wieder aufzuforsten , keineswegs jedoch das Gegenteil zu tun, nämlich Wälder abzuholzen ohne Neuaufforstung.

In jedem Falle aber muß die möglichst umfassende Bilanzierung von Eintrag und Austrag von Kohlendioxid und die fortlaufende Messung des Gehalts der Atmosphäre an Kohlendioxid gewährleistet werden.

Mittel- und längerfristig ist es in jedem Fall aus Gründen des Umweltschutzes „vernünftig“, die Verbrennung kohlenstoffhaltiger Substanzen zu reduzieren, wie es schon aus Sicht der Ressourcenschonung als zweckmäßig erkannt wurde. Allerdings ist in bezug auf den Umweltschutz die Reihenfolge bei den Kohlenstoffträgern leider anders als in bezug auf die stoffwirtschaftliche Schonung der Ressourcen. Spezifisch verursacht Braunkohle, die stoffwirtschaftlich am wenigsten „wertvoll“ ist, einen deutlich höheren Kohlendioxideintrag als Steinkohle oder gar Öl und Erdgas.
In /34/[2] sind folgende Durchschnittszahlen angegeben:

1 kWh aus Braunkohleblöcken emittiert etwa 0,9 bis 1,0 kg CO_2
1 kWh aus Steinkohleblöcken emittiert etwa 0,8 kg CO_2
1 kWh aus Ölkraftwerken emittiert etwa 0,7 kg CO_2
1 kWh aus Gaskraftwerken emittiert etwa 0,4 bis 0,6 kg CO_2

---

[2] S.10.

Wasser-, Wind- und Kernkraftwerke bleiben im Betrieb praktisch emissionsfrei.

Aus Sicht nur des Umweltschutzes, nicht der Ressourcenschonung sowie der Sicherheit, müßte daher die Braunkohle zeitlich eher zurückgefahren werden als andere Kohlenstoffträger. Solange noch nicht auf die Verbrennung kohlenstoffhaltiger Substanzen verzichtet werden kann, erfordert diese Situation ein behutsames Abwägen aller Chancen und Risiken - und zwar in allen drei Bereichen nachhaltigen Wirtschaftens - und damit einen vernünftigen Kompromiß. Unabhängig davon bleibt aber festzuhalten, **daß anhand der zur Beurteilung herangezogenen Zahlenwerte die Stromwirtschaft für sich genommen nur einen Kohlendioxideintrag verursacht, der klein gegen den natürlichen Eintrag ist**, auch wenn die vernünftig definierten Grenzen nicht mehr allzu weit davon entfernt sind. Das muß nüchtern ausgesprochen werden, weil in unserer aufgeregten und ängstlichen Zeit vorschnell vom Kohlendioxid als dem „Klimakiller Nr. 1" und von der Stromwirtschaft als dem hauptsächlichen „Übeltäter" gesprochen wird.

Bezüglich der Stromwirtschaft ist aber nicht nur die Emission von Kohlendioxid bedeutsam, sondern auch die von Methan, Kohlenmonoxid und Wasserdampf. Dabei wird - mit Recht - unterstellt, daß Schwefeldioxid und Stickoxide erfolgreich zurückgehalten werden können. Letztere wie möglicherweise auch andere *Schadstoffe* müssen und können durch geeignete technische Rückhaltemaßnahmen von der Atmosphäre fast vollständig fern gehalten werden, wie es auch in anderen Branchen möglich ist. Das ist ein klares Petitum an die heute noch „emittierende" Industrie.
Solche Stoffe wie Methan, Kohlenmonoxid und Wasserdampf sind im Unterschied dazu ebenso wie Kohlendioxid Bestandteile der natürlichen Atmosphäre, weil sie einen natürlichen Eintrag und einen natürlichen Austrag haben /26/. Daher gilt bei ihnen vom Grundsatz her das gleiche wie bei Kohlendioxid: den anthropogenen Eintrag und den anthropogenen Austrag im Gleichgewicht zu halten oder, wenn das nicht ohne weiteres möglich oder nicht ohne weiteres meßbar ist, den anthropogenen Eintrag klein gegen den natürlichen zu halten.

Methan tritt im Zusammenhang mit der Stromgewinnung vorrangig in Form von Verlusten bei der Förderung, dem Transport und der Zwischenlagerung von Erdgas sowie in Form von Grubengas bei der Steinkohleförderung im unterirdischen Schachtbetrieb auf. Prinzipiell können aus meiner Sicht Verluste mit technischen Mitteln vermieden oder wenigstens stark verringert werden, und die Grubengasemission kann klein gegen den natürlichen Methaneintrag /26/[3] in die Atmosphäre (durch fossile Quellen und durch Reisfelder, Mägen der Wiederkäuer, Termiten, Sümpfe, Moore usw.) gehalten werden. Darüber hinaus wird mit der aus Gründen

[3] S.91, 95.

der Ressourcenschonung erforderlichen Verringerung des Erdgaseinsatzes für die Stromgewinnung auch die potentielle Methanverlustrate gewissermaßen „automatisch" mit verringert.
Notwendig ist bei Methan ebenso wie bei Kohlendioxid die laufende Bilanzierung von Eintrag und Austrag sowie die Messung des Gehaltes der Atmosphäre an Methan.
Unter diesen Umständen kann das Problem „Methan" für die Stromdarstellung im Sinne des Umweltschutzes beherrscht werden.

Kohlenmonoxid entsteht bei der unvollkommenen Verbrennung von kohlenstoffhaltigen Substanzen. Die heute üblichen modernen Anlagen zur Stromgewinnung können durch geeignete Feuerführung den Anteil Kohlenmonoxid klein gegen den natürlichen Eintrag halten. Viel mehr Probleme treten bezüglich des Kohlenmonoxids durch die Verbrennung von Holz und Biomasse in primitiven Öfen und Feuerstellen zur Wärmegewinnung auf. Dort sollte daher bei sorgfältiger Abwägung aller Möglichkeiten als erstes der Hebel angesetzt werden. Strom statt Holz- oder Dungverbrennung für die „ärmsten" Länder der Erde - das wäre eine zukunftsträchtige Lösungsmöglichkeit!
Dazu gibt es natürliche Einträge von Kohlenmonoxid in die Atmosphäre, beispielsweise durch die Vegetation, die Meere und die Böden, sowie auch natürliche Austräge, darunter vor allem Umwandlungsprozesse in der Atmosphäre selbst /26/[4].
Auch bei Kohlenmonoxid sollte als Grundsatz gelten: Bilanzierung von Eintrag und Austrag und fortlaufende Messung des Gehalts der Atmosphäre.

Wasserdampf stellt bezüglich des Eintrags in die Atmosphäre insoweit eine Besonderheit dar, als er nur lokal beeinträchtigend wirken kann (beispielsweise durch Nebelschwaden). Global fügt er sich dem natürlichen Kreislauf ein und wird wieder abgeregnet.
Auch beim Wasserdampf empfehlen sich Bilanzierung und Gehaltsmessung.

Aschen und Schlacken aus der Kohleverbrennung, so sie nicht einer vernünftigen wirtschaftlichen Verwertung zugeführt werden, sollten (und sie werden in der Regel auch) dorthin zurückgeführt werden, wo sie hergekommen sind. Sie dienen dem Versatz von Gruben und Stollen.

Auf eine weitere Form möglicher Umweltbeeinträchtigung in Verbindung mit der Stromwirtschaft muß noch eingegangen werden. Das ist der Abwärmeeintrag in die Atmosphäre bzw. in Gewässer. Er leistet keinen Beitrag zur globalen Erwärmung der Erdatmosphäre, weil die dadurch eingetragenen Wärmemengen im Vergleich zur natürlichen Sonneneinstrahlung und zur Abstrahlung der Erde in den Weltraum verschwindend gering sind. Er kann aber, vor allem was die Aufwärmung von

---

[4] S. 97.

Fließgewässern anbelangt, lokal von negativer Auswirkung sein. Das betrifft alle Formen von Kraftwerken, deren Funktion auf thermodynamischen Kreisprozessen beruht. Hier sind inzwischen strenge Limitierungen der Abgabe in Fließgewässer üblich; die Wärme wird über Kühltürme (Wasser oder Luft) abgeführt. Der bei Wasserkühlung entstehende Wasserdampf ist soeben bezüglich der Umweltwirkung behandelt worden. Luftkühlung hat praktisch keine meßbaren Auswirkungen.

Zuletzt soll auf eine potentielle Umweltbelastung im Zusammenhang mit der Stromgewinnung hingewiesen werden, die speziell Kernkraftwerke betrifft, nämlich die Belastung an radioaktiver Strahlung, die durch den laufenden Betrieb des Kraftwerks entsteht (die sogenannte Dauerbelastung im Vergleich zur Ereignisbelastung, die im Zusammenhang mit Störfällen steht). Hier kann die Aussage eindeutig getroffen werden: moderne Kernkraftwerke üben weder über den Luftpfad noch über den Wasserpfad eine laufende Belastung auf die Umgebung aus, die in der Größe der natürlichen Belastung liegt, sondern deutlich darunter. Hier kann also auch die schon mehrfach angewendete Bedingung gelten: klein gegen die natürliche Belastung.

Zusammenfassend gilt daher auch für die anderen Eintragsstoffe, die in Verbindung mit der Stromgewinnung stehen, sowie für die Abwärme und die Dauer-Strahlenbelastung das bereits zu Kohlendioxid gezogene Fazit: keine unlösbaren Probleme, wenn die jeweils genannten technischen und wirtschaftlichen Möglichkeiten ausgeschöpft werden und der Prozeß weltweit bzw. zusätzlich lokal überwacht wird.

Und nun schließlich zur *Sicherheit.*
Mit ihr korrespondiert die Ereignisbelastung durch den Kraftwerksbetrieb, die durch das Versagen von Umweltbarrieren bzw. von passiven oder aktiven Sicherheitseinrichtungen entsteht. Im Normalbetrieb liegt daher in diesen Fällen keine Belastung vor; im Störfall kann sehr schnell eine sehr hohe Belastung entstehen. Dazu wurde als quantitative Maßgröße das Risiko (als Produkt von Eintrittswahrscheinlichkeit und Belastung) geprägt. Ohne den Begriff der Wahrscheinlichkeit kann dem Problem Sicherheit nicht beigekommen werden, da es ein Risiko von Null (das heißt eine hundertprozentige Sicherheit) aus prinzipiellen Erwägungen heraus nicht geben kann. Allerdings kann man je nach Aufwand, den man treibt, das Risiko nahe an Null, das heißt, die Sicherheit nahe an 100 %, heranführen. Als akzeptabel wird danach ein Risiko angesehen, das klein gegen andere bereits vorhandene natürliche und zivilisatorische Risiken ist. Weiterhin wird in der Regel durch die Allgemeinheit toleriert, wenn das Risiko auf die in der Anlage selbst beschäftigten Menschen begrenzt werden kann, das heißt, wenn der Wirkungsradius von Störfällen räumlich eng begrenzt ist.
Unter diesen Umständen gibt es bei der Stromgewinnung eigentlich nur die Kernkraftwerke und - abgestuft - die großen Wasserkraftwerke, die sicherheitsrelevant sind. Bei Wasserkraftwerken wäre ein sehr großes Störereignis ein Dammbruch,

der talwärts liegende menschliche Siedlungen vernichten könnte. Allerdings hätte ein solches Ereignis nur lokale Auswirkungen, keine globalen. Durch technische Sicherheitsmaßnahmen, durch Ausnutzung von Möglichkeiten des natürlichen Geländes und durch eine entsprechende Siedlungspolitik lassen sich derartige Risiken in ihren Auswirkungen prinzipiell beherrschen.
Etwas anders sieht es bei den Kernkraftwerken aus. Bei den heute noch betriebenen Kraftwerken ist nicht immer vollständig auszuschließen, daß Auswirkungen bei einem Störfall eine größere räumliche Ausdehnung einnehmen als nur bis in die unmittelbare Umgebung (s. dazu auch Grafik 9). Eine weitere Sicherheitsfrage wird aufgeworfen, wenn die Langzeitlagerung von Spaltprodukten und anderen hochradioaktiven Rückständen berührt wird. Über Tausende, ja Zehntausende von Jahren reicht die erforderliche Betrachtungsweise. Für solche Zeiträume kann heute niemand mit gutem Gewissen Garantien abgeben. Diese beiden Problemkreise betreffen die heute praktizierte Kernspaltung. Die Kernfusion würde künftig weniger hohe Anforderungen stellen, da bei ihr eben keine hochradioaktiven Spaltprodukte entstehen.
Bezüglich der ersten Sicherheitsforderung, Störereignisse grundsätzlich auf die nächste Reaktorumgebung, das heißt das Kraftwerksgelände, zu beschränken, bieten die heute in Konzeption und Planung befindlichen Kernkraftwerke mit thermischen Reaktoren bereits diese Kompetenz. Das ist also technisch und wirtschaftlich schon mit den erprobten Spaltungsreaktoren umsetzbar.
Bezüglich der zweiten Sicherheitsforderung, der Langzeitlagerung von hochradioaktiven Rückständen, können die heutigen Möglichkeiten noch nicht als ausreichend betrachtet werden. Eigentlich muß gefordert werden, solche hochradioaktiven Rückstände mit Halbwertszeiten über Hunderte oder Tausende von Jahren, wenn man sie nicht vorher durch Neutronenbeschuß in „harmlosere", das heißt kurzlebigere Substanzen umwandeln kann, nur zeitweise - und kontrolliert - an geeigneten Stellen der Erde *zwischenzulagern*, um sie später einmal endgültig im Weltraum zu deponieren. Das Verbringen in den Weltraum ist dann keine „Umweltbeeinträchtigung" mehr, da der Weltraum mit radioaktiven Substanzen angefüllt ist. Heute sprechen vor allem die Kosten gegen eine solche Entsorgung; das muß aber keineswegs für lange Zeit oder gar immer gelten. Die irdische „Zwischenlagerung" ist automatisch mit einer permanenten natürlichen Verringerung des Gefährdungspotentials verbunden, da die Radioaktivität durch Zerfall abklingt, wobei die hochradioaktiven Produkte die kürzesten Halbwertszeiten haben, so daß in der Anfangszeit jeweils der größte Teil der Radioaktivität abklingt.
Es gibt auf der Erde geologische Formationen, die für eine solche „Zwischenlagerung" geeignet sind.
Im übrigen sei nochmals darauf verwiesen, daß bei der Kernfusion - und allein sie würde eine Energieversorgung über sehr lange Zeit sicherstellen - diese Probleme nicht mehr so gravierend sind, da keine Spaltprodukte anfallen.

Grafik 7: Der elektrische Strom

Damit wurden alle drei relevanten Problemkreise eines nachhaltigen Wirtschaftens bei der Stromgewinnung diskutiert. Hinsichtlich der Ressourceninanspruchnahme, des Umweltschutzes und der Sicherheit schälen sich jeweils unterschiedliche günstige Lösungen heraus, **die es prinzipiell möglich machen, unter Beachtung des voraussichtlichen Zeitablaufs eine Stromversorgungsstrategie zu entwickeln, die jeweils temporäre Suboptima erfüllt und insgesamt gewährleistet, daß jederzeit ausreichend Strom zu akzeptablen Bedingungen, auch preislich gesehen, zur Verfügung steht. Damit kann dann tatsächlich der Strom seinen zweiten wirtschaftlichen Höhepunkt erleben und die Wirtschaft nachhaltig befördern.**

Unter diesen Gesichtspunkten ist es nicht nachvollziehbar, wenn festgestellt wird, daß die Stromwirtschaft „der Flaschenhals auf dem Weg zu einem nachhaltigen Energiewirtschaften ist" /10/[5]. Das um so mehr, als der gleiche Autor in der gleichen Arbeit feststellt, daß Strom schlechthin d i e „Edelenergie" ist und daß es keine realistische Alternative zum Strom gibt. Ich kann den Schluß nur wiederholen: **Wenn man es richtig anstellt und Chancen und Risiken sorgfältig gegeneinander abwägt, dann paßt sich die Stromgewinnung nach den obigen Darlegungen vollständig in das Konzept nachhaltigen Wirtschaftens ein.**

Daraus ergibt sich, daß die häufig geäußerte Forderung nach vorrangiger oder ausschließlicher Einsparung von Strom oder die „Entdeckung" der Stromeinsparung als wichtiger „Energiequelle" ökologisch und technisch unbegründet und wirtschaftlich schädlich ist. Einsparung, so wichtig sie natürlich ist, für sich und absolut betrachtet, geht an der Realität vorbei, weil die wirtschaftliche Funktion der Energie negiert wird. Einsparung *und* Erschließung neuer Anwendungen für eine anhaltende Wirtschaftsentwicklung gehören zusammen. Beides zusammen ist „nachhaltig" und sichert Wohlbefinden und sozialen Frieden als Voraussetzung einer späteren Weltwirtschaft.

Eigentlich bedarf dieser Gedanke einer weiteren Vertiefung. Als in diesem Kapitel das „nachhaltige Energiewirtschaften" im Zusammenhang mit dem Strom untersucht wurde, wurden natürlich schwerpunktgemäß die Lasten für die Umwelt betrachtet und bewertet. Zur wirtschaftlichen Funktion des Stroms gehört aber auch sein Einsatz für wirtschaftliche Prozesse zur *Verbesserung der Umwelt*. Das schließt die Filterung von Emissionen in der Abluft, das Filtern bzw. die Wiederaufarbeitung von Abwässern, die Bodenbearbeitung und die Bodensanierung sowie das Recycling von gewerblichen, kommunalen und häuslichen Abfällen ein. Das heißt weiter aber auch die Gewährleistung eines gesunden Raumklimas und den Einsatz zur Nahrungsgewinnung und -zubereitung sowie in der Medizin, für Heilgeräte und für Heilverfahren, sowie für die Kultur. **"Strom für Umwelt"**, das sollte integraler Bestandteil nachhaltigen Energiewirtschaftens werden. Dieser

[5] S. 12.

Umweltgedanke findet sich bereits bei Krämer /17/[6], wenn er schreibt: „Strom zeigt sich als Träger vieler Innovationen in der Industriegesellschaft. Strom ist somit Indikator der Modernisierung der Industriegesellschaft, auch im Hinblick auf den Umweltschutz... Dem Strom gehört die Zukunft."

[6] S. 129.

9 Der Blick in das nächste Jahrhundert

Im nächsten Jahrhundert soll die Energiewirtschaft durch eine neue charakteristische Energie geprägt werden, vermutlich den Wasserstoff, wobei durchaus offen ist, ob in molekularer Form (gasförmig oder flüssig) oder in einer wasserstoffreichen Verbindung, beispielsweise Methanol.

Eine Wasserstoff-Energiewirtschaft beruht chemisch auf der folgenden einfachen Formel:

$$\mathbf{H_2 + \tfrac{1}{2}\,O_2 \rightarrow H_2O}$$
$$\Delta H = -\,285{,}9\ \text{kJ/mol}$$

Die Reaktion hat eine positive Energietönung.
Will man Wasserstoff nicht gasförmig oder flüssig weiter behandeln (verarbeiten, lagern, transportieren), läßt er sich beispielsweise mit Hilfe von Kohlendioxid in Methanol umwandeln /31/:

$$\mathbf{3\,H_2 + CO_2 \rightarrow CH_3OH + H_2O}$$
$$\Delta H = 49\ \text{kJ/mol}$$

Die Schlußfolgerung, warum künftig an die Stelle der bisherigen charakteristischen Energie, dem elektrischen Strom (der zur Zeit noch vor seinem zweiten Höhepunkt steht, wie im letzten Kapitel ausgeführt wurde), eine neue charakteristische Energie treten muß, ergibt sich folgerichtig aus dem vorgestellten Entwicklungsmodell.
Sie ist vor allem qualitativ begründet, nämlich mit der Fähigkeit zur **Energie-Langzeit-Speicherung**. Das ist gegenüber dem augenblicklichen Zustand tatsächlich eine neue Qualitätsstufe.
Insoweit sind die objektiven Chancen einer neuen charakteristischen Energie auch durch die objektiven Schwächen des Vorläufers bestimmt. Der elektrische Strom - ein energetisches Universalmedium? In gewisser Weise ja, aber er ist eben keineswegs vollkommen. Er hat Grenzen; vor allem die fehlende wirtschaftliche Speicherfähigkeit begrenzt seine wirtschaftliche Möglichkeit. Und zwar gleich mehrfach.
Zunächst einmal *im stationären Anwendungsbereich.* Stromdarbietung und Stromverbrauch laufen zeitgleich ab. Es gibt zwar technische Möglichkeiten, im Netz eine indirekte Kurzzeitspeicherung, beispielsweise über Pumpspeicherwerke, zu verwirklichen. Vielleicht kann auch einmal die technische Nutzung der Supraleitfähigkeit einen Speicherbeitrag leisten. Eine Langzeitspeicherung zum Ausgleich saisonaler (oder noch viel längerperiodischer) Schwankungen oder zum Anlegen einer weltweiten strategischen Reserve ist jedoch mit den heute absehbaren technischen Mitteln beim Strom nicht möglich.
Dann im *mobilen Anwendungsbereich.* Bisherige elektrochemische Speicher haben eine geringe Kapazität, eine große Masse und ein relativ großes Volumen. Ladevorgänge dauern außerordentlich lang. Spitzenleistungen, wie sie für Start- und

Beschleunigungsphasen bei allen Verkehrsmitteln, vorrangig jedoch im Luftverkehr, vom künftigen extraterrestrischen Verkehr ganz abgesehen, benötigt werden, sind mit Strom nicht darstellbar. Mechanische Kurzzeitspeicher, wie beispielsweise Schwungräder, können allenfalls eine Nischenrolle einnehmen. Sicher ist es heute nicht möglich, alle künftigen technischen Erfindungen und Verbesserungen, die es ohne Zweifel geben wird, vorauszusehen oder gar annähernd ihr Entwicklungspotential auszuloten. Da kann man sich selbst schnell abseits der Realität wiederfinden. Ich werde mich deshalb in diesem Buch auf die grundsätzlichen wirtschaftshistorischen Trends, die abgeleitet wurden, beschränken.
In Übereinstimmung mit dem vorgestellten Entwicklungsmodell ist festzustellen, daß historisch jede wirtschaftlich charakteristische Energie im Verlaufe ihrer Dominanz zwei Entwicklungshöhepunkte durchmacht. Einen hat der Strom bisher durchlaufen. Damit wäre tatsächlich der nächste Höhepunkt des Stroms auch sein letzter. Solange das Wirtschaften als Daseinsform der Menschheit noch anhält, müßte dann eben nach dem zweiten Höhepunkt des Stroms und einer damit verbundenen Sättigungsphase ein neuerlicher Wirtschaftsaufschwung von einer neuen charakteristischen Energie begleitet sein. Da mit dieser dann erreichten Entwicklungsstufe das Wirtschaften historisch auslaufen wird, ist eben diese neue charakteristische Energie die letzte in der betrachteten Folge von charakteristischen Energien.

Was spricht eigentlich für den Wasserstoff?
Als wichtigstes eigentlich sein *Oxidationsprodukt*, das Wasser, das sich bestens in den natürlichen Wasserkreislauf einfügt. Dann sicherlich die hohe *Massen-Energiedichte*, der allerdings negativ die sehr niedrige Volumen-Energiedichte unter Normalbedingungen gegenübersteht, s. dazu auch Anhang 3. Das heißt, um für die Nutzung ansehnliche räumliche Energiedichten zu erzielen, muß Wasserstoff in einen „besonderen“ Zustand versetzt werden (beispielsweise unter sehr hohem Druck stehen oder verflüssigt werden).
Wasserstoff ist *ein erwirtschaftetes Produkt*; er kommt praktisch in der Natur nicht vor (damit ist natürlich nicht das Universum gemeint, dort ist er das mit Abstand häufigste Element).
Wasserstoff kann auf direktem Wege oder über den elektrischen Strom *in alle heute und voraussichtlich künftig benötigten Nutzenergien umgewandelt werden.* Die ganz wichtige Umwandlung in Strom (dieser dann als „Umwandlungsenergie“ auf dem Weg zur Nutzenergie) kann auf verschiedene Weise erfolgen, traditionell durch Verbrennung in einer Gasturbine, einem Gasmotor oder auch einem Dampfkessel mit anschließender Dampfturbine bzw. innovativ in einer Brennstoffzelle. Damit wird es möglich, sowohl stationäre als auch mobile Anwendungen abzudecken, letztere zumindest für Schiene, Straße und Wasserwege. (In der Raumfahrt spielt Wasserstoff direkt schon heute eine wichtige Rolle.)
Insoweit ist es möglich, daß die neue charakteristische Energie Wasserstoff zweifach mit dem elektrischen Strom als Umwandlungsenergie verbunden ist: einmal, indem Strom zur Elektrolyse des Wassers eingesetzt wird, um Wasserstoff zu ge-

winnen; zum anderen, indem Wasserstoff wieder in elektrischen Strom zurückverwandelt wird, um letztlich aus ihm die gewünschte Nutzenergie zu erhalten. Faktisch bedeutet dieser Sachverhalt, daß Wasserstoff als weltweites Speichermedium lediglich Dominanz und Fluß des elektrischen Stroms „unterbricht". Der Strom büßt also in einer Wasserstoffwirtschaft nichts von seiner Attraktivität ein; eigentlich wird dadurch nur sein größter Nachteil beseitigt bzw. umgangen. Wasserstoff und Strom werden eine innige Einheit bilden.
Diese enge Verbindung von Wasserstoff und Strom hatte offenbar auch Seifritz /30/ im Auge, als er schrieb: „Wasserstoff könnte im Prinzip neben und analog der Elektrizität der generelle Energieträger einer nach-fossilen Energiewirtschaftsära werden...". Mit Blick auf die Möglichkeiten der Kernfusion äußert sich Knizia /18/ in ähnlichem Sinn: "Langfristig könnten die Fusionsreaktoren den von den Energietechnikern lange gehegten Traum erfüllen, die Energieversorgung auf den Endenergien Strom und Wasserstoff aufzubauen."

Wasserstoff kann seine Rolle als charakteristische Energie nur unter den Bedingungen *einer künftigen einheitlichen, in Netzwerken kooperativ organisierten Weltwirtschaft* spielen.
In der Abb. 9.1 ist schematisch eine solche weltweite Energieversorgung mit Hilfe von Wasserstoff dargestellt. Sie besteht im Zusammenwirken dreier miteinander verflochtener Netzwerke: dem Netzwerk Gewinnung, dem Netzwerk Fernstreckentransport und dem Netzwerk Nutzung. Speichermöglichkeiten können sowohl im Netzwerk Gewinnung als auch im Netzwerk Nutzung angesiedelt werden, ggf. sogar mit unterschiedlicher „Qualität" (strategische Speicherung; Speicherung zum Ausgleich von Verbrauchsschwankungen).
Auf die weltweite Wirtschaft mit Wasserstoff hat bereits Marchetti hingewiesen /5/, wenn er schreibt: „Auf dieser Grundlage würde nicht ein kontinentales, sondern ein Weltsystem entstehen, und man könnte ... sagen, anstatt von zehn Zentren pro Kontinent wären nur zehn Zentren auf der ganzen Welt für die Erzeugung dieses Energieträgers nötig."

Mit Wasserstoff kann endlich eine Energie-Langzeit-Speicherung verwirklicht werden, die es prinzipiell gestattet, Schwankungen in Gewinnung und Verbrauch auszugleichen, und zwar Schwankungen, die saisonal, regional, aber auch global und über relativ lange Zeiten entstehen können. Außerdem ist es möglich, beliebige nützliche, zeitlich und räumlich begrenzte Großprojekte in Angriff zu nehmen.
Damit kann eine *Welt-Vorratswirtschaft* in heute ungekannter Dimension verwirklicht werden.
Energie-Langzeit-Speicherung, selbstverständlich aber auch die Energie-Kurzzeit-Speicherung und der Einsatz für mobile Zwecke, setzt voraus, **daß das Problem der wirtschaftlichen Speicherung des Wasserstoffs - möglicherweise in mehreren Spielarten je nach Anwendungszweck - technisch gelöst werden muß.**
Diese Aufgabe ist bis heute noch nicht erfüllt (wenn sie nicht in einem „Garagenlabor" schon erfolgt, aber noch nicht bekannt geworden ist). Die Innova-

tion, die sich hinter dieser wirtschaftlichen Wasserstoffspeicherung verbirgt, ist von ihrer Bedeutung zu vergleichen mit der Erfindung der Wattschen Dampfmaschine und des Siemensschen Dynamoprinzips.

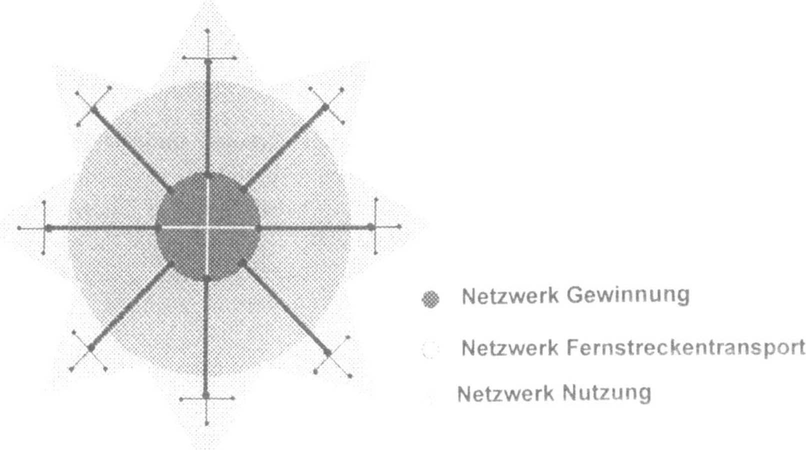

Abb. 9.1 : Schema einer künftigen einheitlichen Weltenergieversorgung auf der Grundlage von kooperierenden Netzwerken

Teillösungen dieses Problems sind bekannt und verschiedentlich erprobt worden. Das reicht von Speicherung in speziellen Kryobehältern und in Druckbehältern über die Speicherung als Metallhydrid, an Grafit oder an Toluol bis hin zur Untergrundspeicherung, die zumindest in der Form von Stadtgas (das heißt mit einem hohen Wasserstoffanteil) schon praktisch erprobt worden ist.
Bei der Speicherung ist nicht nur der eigentliche Speicherprozeß von Bedeutung, sondern vor allem sind auch die Prozesse der Ein- und Ausspeisung, die Handhabbarkeit, die Sicherheit usw. bedeutsam.
Die komplexe wirtschaftliche Lösung steht noch aus.

An dieser Stelle muß ein gedanklicher Einschub gemacht werden. Sollte Wasserstoff die neue charakteristische Energie werden, heißt das nicht, daß dann der gesamte Endenergieverbrauch auf Wasserstoff umgestellt wird. Eine charakteristische Energie - wie auch jetzt der elektrische Strom[1] oder früher der Dampf - bestreitet immer nur einen Anteil am gesamten Verbrauch an Endenergie, der deutlich unter 50 % liegt. Und: es erfolgt keine *plötzliche* Umstellung auf die neue charakteristi-

[1] Deutschland 1995: Anteil des Stroms am Endenergieverbrauch 17,1 % /Datenreport 1997, a.a.O., S. 371.

sche Energie, sondern es vollzieht sich ein kontinuierlicher Übergang. Neu ist aber natürlich, daß die neue charakteristische Energie mit einem signifikanten Wirtschaftsaufschwung einhergeht.

Einige konkrete Forderungen an die neue charakteristische Energie sollen zusammengestellt werden.
Die entscheidende neue Qualität wurde mehrfach erwähnt: die Speicherfähigkeit. Das ist jedoch keine einfache Angelegenheit, und mehrere Aspekte sind zu betrachten.
Die Energie sollte für ihre Rolle als strategische Reserve und als Ausgleich für Langzeitschwankungen in großen Mengen gespeichert werden können. Sie darf praktisch über lange Zeit keine nennenswerten Verluste erleiden. Der Aufwand für Wartung und Überwachung muß sehr niedrig sein.
Für einen mobilen bzw. einen dezentralen stationären Einsatz sollte die Energie gleichzeitig in beliebig kleinen Mengen gespeichert werden können. Auch hierbei müssen die Verluste und der Aufwand für Wartung sehr klein sein.
Lade- und Entladeprozesse der verschiedenen großen, mittleren und kleinen Speicher müssen unkompliziert und schnell vonstatten gehen.
Die Energie muß beliebig teilbar sein.
Sicherheitsfragen sind von großer Bedeutung. Das Handling mit der neuen charakteristischen Energie muß in allen Teilen des Prozesses zuverlässig und sicher sein. Das heißt, die dabei auftretenden Risiken müssen klein gegen andere zivilisatorische oder gegen natürliche Risiken sein.
Ganz wichtig ist natürlich die Ökonomie der neuen charakteristischen Energie. Die Anforderung ist klar: schrittweise real nach Null tendierende Preise (was die gleiche Bewegung bei den Kosten voraussetzt) für die gewonnene und dem Verbraucher am Ort des Verbrauchs zur Verfügung stehende Energieeinheit.

Da Wasserstoff unter irdischen Bedingungen ein „synthetischer" Energieträger ist, muß selbstverständlich auch der Prozeß der Wasserstoffdarstellung untersucht werden. Wasserstoff muß immer wieder neu gebildet werden, da er sich im Zuge seiner energetischen Nutzung in Wasser umwandelt und damit als Energieträger ausscheidet. Naheliegend ist es daher, zur Wasserstoffdarstellung die „Spaltung" des Wassers einzusetzen, um so zu einer Kreislaufwirtschaft zu kommen.
Dazu kommt die Elektrolyse in Frage, mit Hilfe von Strom, der vorher aus geeigneten Primärquellen (fossile, nukleare, regenerative) gewonnen worden ist. Eine andere Möglichkeit des Energieeintrags zur Wasserspaltung ist die Thermolyse, gegebenenfalls unter Zuhilfenahme von Katalysatoren. Sehr viel später - nach meiner Überzeugung erst im darauffolgenden Jahrhundert, das heißt dem 22. Jahrhundert - wird es möglich sein, Wasserstoff aus einer künstlich betriebenen Photolyse aus Sonnenlicht darzustellen; das wäre die technische Nachbildung des ersten Schritts der natürlichen Photosynthese der grünen Pflanzen. Dieses Verfahren

würde tatsächlich die von vielen Zeitgenossen schon für heute erträumte „sanfte" Energiewirtschaft überall auf der Erde möglich machen /39/. Aber Entwicklungen lassen sich nicht nach Wunsch überspringen, sondern müssen sich „ausleben".
Bis dahin stehen daher praktisch nur die Elektrolyse und die Thermolyse zur Verfügung, und diese verlangen unter den Gesichtspunkten nachhaltigen Wirtschaftens, wie sie im vorigen Kapitel bereits allein des Stroms wegen untersucht wurden, durchaus noch große, das heißt damit auch „harte" Anlagen, um wirtschaftlich und eben auch umweltfreundlich und sicher zu sein; selbstverständlich sollen auch im möglichen Umfang regenerative Anlagen eingesetzt werden. (Die bei mir nicht behandelte „Radiolyse" kommt meines Erachtens als wirtschaftlicher Prozeß nicht in Frage, sollte aber bei weiterführenden vergleichenden Untersuchungen nicht von vornherein ausgeschlossen werden.)

Die Frage könnte entstehen, warum denn der Wasserstoff, wenn er energiewirtschaftlich so günstig ist, erst so „spät" zum Zuge kommt? Wenn schon ja, warum nicht sofort? Warum liegt vorher noch der zweite Höhepunkt des elektrischen Stroms als charakteristischer Energie? Winter /12/ stellt fest, daß es höchste Zeit für den Wasserstoff sei.
Die Antworten darauf wurden schon dargelegt. Die umfassende wirtschaftliche Speicherfähigkeit ist noch nicht gegeben. Die notwendigen weltwirtschaftlichen Rahmenbedingungen sind noch nicht gegeben. Außerdem ist das historische Entwicklungspotential des Vorgängers noch nicht ausgeschöpft. Damit ist die Zeit noch nicht reif für den Wasserstoff.

Weil der Wasserstoff auch zahlreiche Illusionen nährt, ist es notwendig, hier noch einmal zusammengefaßt die Merkmale zu nennen, die gegeben sein müssen, wenn der Wasserstoff die ihm zugedachte Rolle als neue charakteristische Energie spielen soll:

- die Wirtschaft muß sich zu einer voll ausgebildeten Weltwirtschaft entwickelt haben, in der es an jedem beliebigen geografischen Punkt annähernd die gleichen wirtschaftlichen Entwicklungschancen gibt
- es bildet sich eine charakteristische energetische Handelsware heraus, die über beliebig weite Entfernungen, insbesondere interkontinental, transportiert und überall zu gleichen wirtschaftlichen Konditionen verteilt wird
- die Notwendigkeit einer mittelfristigen Reduzierung der Verfeuerung fossiler Brennstoffe muß gegeben sein
- eine Langzeitspeicherung von Verteilungsenergie muß notwendig und möglich sein
- Energie muß in großen Mengen speicherbar sein (die Größenordnung als Anhaltspunkt: etwa 10 % des Weltjahresbedarfs an Verteilungsenergie)
- ein mobiler Einsatz muß für alle Verkehrsarten möglich sein: Land-, See-, Luft-, extraterrestrischer Verkehr

Die Speicherfähigkeit in dieser Form erfordert, daß Wasserstoff (oder möglicherweise auch ein anderer geeigneter Energieträger) die zur Speicherung notwendigen hohen Umwandlungswirkungsgrade besitzt: sie müssen in der Nähe von Eins liegen. Für den Fall der Elektrolyse und die Rückumwandlung in elektrischen Strom heißt das beispielsweise konkret:
ein Wirkungsgrad von annähernd 0,9 für die Elektrolyse
ein Wirkungsgrad von mindestens 0,9 für Transport und Speicherung
ein Wirkungsgrad von annähernd 0,9 für die direkte Rekombination zu Strom (der Umweg über weitere Zwischenstufen wie Wärme und mechanische Energie kommt offensichtlich nicht in Frage).
Dann hat die Wasserstoffspeicherung annähernd den gleichen Gesamtwirkungsgrad wie ein modernes Pumpspeicherwerk (das allerdings die oben aufgestellten Merkmale überhaupt nicht aufweisen kann).
Die heutigen Systeme gestatten alle drei Teilschritte noch nicht mit dem notwendigen Wirkungsgrad zu realisieren. Aus der Sicht des Wirkungsgrads haben die direkte Rekombination zu Strom und die geforderte Form der Speicherung den größten Entwicklungsrückstand.
Diese Aufgaben müssen daher erst gelöst werden, bevor eine „Wasserstoffwirtschaft“ Wirklichkeit werden kann.
Teilschritte sind natürlich auch vorher zu verwirklichen, solange der Gesamtwirkungsgrad der Wasserstoffspeicherung nicht unter den aktuellen Wirkungsgrad der Stromerzeugung aus Primärenergie absinkt (zur Zeit etwa 0,4). Denn dann müßte man eigentlich den entsprechenden Primärenergieträger speichern und die Verteilungsenergie bei Bedarf produzieren. Solche Teilschritte beginnen bei einem Wirkungsgrad der Elektrolyse bzw. des Transports und der Speicherung bzw. beispielhaft einer Brennstoffzelle bei 0,8 bzw. 0,9 bzw. 0,6. Diese Forderungen stellen bereits immense Ansprüche an die Technik.
Nun bedarf es auch der Untersuchung, ob sich die charakteristische Energie Wasserstoff in das Konzept einer nachhaltigen Wirtschaft einfügt, wie es schon für den elektrischen Strom getan wurde. Dabei wird der vorgelagerte Teil, in dem Wasserstoff aus primären Quellen dargestellt wird, nicht mehr gesondert untersucht. Kommt der Prozeß der Elektrolyse zum Einsatz, so ist es technisch gleichgültig, ob der dafür benötigte Strom wirtschaftlich als „Umwandlungsenergie“ (für die Wasserstoffdarstellung) oder als eigenständige charakteristische Energie gewonnen wird. Beim Einsatz des Prozesses der Thermolyse treten keine neuen Probleme auf, weil dafür die gleichen technischen Prozesse in Frage kommen, die schon bei der Stromgewinnung als thermodynamische Kreisprozesse eingesetzt werden (gleichgültig, ob mit fossilem Brennstoff oder mit Kernbrennstoff).
Auch für die Wasserstoffgewinnung gilt natürlich, in einem möglichst großen Umfang regenerative Quellen einzusetzen. Dafür bieten möglicherweise große Wüstengebiete der Erde, die über viel Sonneneinstrahlung verfügen, gute Voraussetzungen. Später ist vielleicht auch der erdnahe Weltraum in diese Betrachtungen einzubeziehen. Was die Inanspruchnahme natürlicher materieller *Ressourcen*

angeht, sind keine Probleme in Sicht. Energiewirtschaftlich wird Wasserstoff und Wasser als Bestandteil des natürlichen Wasserkreislaufs gefahren. In globaler Sicht sind Eintrag und Austrag in die Biosphäre gleich groß; lokal kann es allerdings Unterschiede geben. Damit werden global durch die Wasserstoff-Energiewirtschaft keine natürlichen Ressourcen in Anspruch genommen.

Auch bezüglich des *Umweltschutzes* werden keine prinzipiellen Probleme gesehen, da sich das Hauptprodukt der Oxidation, Wasser, in den Kreislauf der Natur einfügt und die Bilanz von Eintrag und Austrag ausgeglichen ist.
Stickoxide und möglicherweise andere Luft-Schadstoffe, die bei der Verbrennung des Wasserstoffs in großem Maßstab entstehen könnten, sollten ebenso wie bei der Kohlenstoff-Verbrennung ausgehalten bzw. ausgefiltert werden können.

Bleibt nunmehr die Untersuchung der *Sicherheit.*
Da ist Wasserstoff nicht so harmlos wie die Kohle. In weiten Grenzen reagiert Wasserstoff mit Sauerstoff bzw. mit Luft explosibel („Knallgas"), s. auch Anhang 3. Man muß die Wasserstoffkonzentration in Luft daher immer außerhalb dieser Grenzen halten. Unterstützend wirkt dabei die hohe Diffusionsgeschwindigkeit des Wasserstoffs und seine niedrige Massen-Dichte, die das schnelle Verdünnen erleichtern, s. Anhang 3.
Nicht nur die Explosionsgefahr, auch die Brandgefahr muß beim Wasserstoff beachtet werden. Wer einmal einen größeren Wasserstoffbrand miterlebt hat, weiß, wie schwer er sich löschen läßt, wenn man nicht speziell darauf eingerichtet ist. Aber auch brennender Wasserstoff ist beherrschbar.

Weitere Gefahren treten auf, wenn Wasserstoff wegen seiner niedrigen Volumen-Energiedichte in einen besonderen, „kompakten" Zustand versetzt werden muß. Sehr hohe Drücke und sehr tiefe Temperaturen können bei Versagen von Sicherheitseinrichtungen bzw. bei äußeren „Attacken" zu Schäden führen.
Die genannten Gefahren sind jedoch nicht neu, sondern der menschlichen Erfahrung schon seit langem - mit Wasserstoff und anderen Substanzen - zugänglich. Außerdem verursachen sie in jedem Fall nur lokale Schäden. Wenn man sie auch ständig beachten muß, sollten sie dennoch als grundsätzlich beherrschbar eingestuft werden.
Zieht man nun das Fazit dieser Untersuchungen, erweist sich der Wasserstoff als gut geeignet, sich in das Konzept nachhaltigen Wirtschaftens einzupassen.

Weil in der öffentlichen Diskussion gegenwärtig sehr aktuell, ist es notwendig, etwas grundsätzlicher auf das Verhältnis von Energiewirtschaft und Klima einzugehen. Dabei ist nicht beabsichtigt, die beim gegenwärtigen Kenntnisstand noch sehr unausgereifte Klimadiskussion in puncto „Treibhauseffekt" noch um ein paar „Glaubenssätze" anzureichern.

Im vorangegangenen Kapitel war in bezug auf den elektrischen Strom festgestellt worden, daß der durch ihn hervorgerufene CO_2-Eintrag in die Atmosphäre noch klein gegen den natürlichen Eintrag ist. Der anthropogene CO_2-Eintrag insgesamt, darunter auch durch weitere Sparten der Energiewirtschaft außerhalb der Stromgewinnung, hat die per Definition angenommene „Grenze" aber schon leicht überschritten. Unabhängig von einer vermuteten Klimawirkung ist daher der weitere *Eintrag* künftig zu begrenzen bzw. es sind Maßnahmen, auch durch die Energiewirtschaft, einzuleiten, den anthropogenen CO_2-*Austrag* substantiell zu erhöhen. Dabei wird unterstellt, daß augenscheinlich der anthropogene Eintrag größer als der anthropogene Austrag ist. Wesentliches Mittel zur Erhöhung des anthropogenen Austrags ist eine Wiederaufforstung abgeholzter Waldflächen, eine Neuaufforstung und insgesamt eine *nachhaltige Forstwirtschaft* unter Einschluß einer wirtschaftlichen Langzeit-Verwertung von Holz. Damit würde für eine relativ lange Zeit, das heißt für einige Jahrzehnte, Kohlendioxid aus der Luft zusätzlich im Holz und im Waldboden gespeichert. Allerdings werden sehr große Flächen benötigt, wenn Kohlendioxid substantiell gebunden werden soll. Überschläglich kann man von 1 t Kohlenstoffäquivalent je ha und Jahr ausgehen /25/. Danach ergäben 10 Mio ha Neuaufforstung bei nachhaltiger Forstwirtschaft etwa nur 10 Mio t zusätzlich gebundenen Kohlenstoff je Jahr. 100 Mio ha ergäben 100 Mio t je Jahr, was dann etwa 1/12 der heute durch die Stromwirtschaft verursachten Emissionen ausmachte. Auch bezogen nur auf den Kraftwerkszubau, das heißt ohne den Kraftwerksbestand, der ja eben gerade noch toleriert werden kann, sind die erforderlichen „Kompensations"flächen noch riesig. Ein 700-MW-Kraftwerk mit einer spezifischen CO_2-Freisetzungsrate von 0,8 kg CO_2/kWh, das heißt von 0,22 kg C/kWh, erforderte bei einem jährlichen Benutzungsgrad von 0,9 nach /34/ eine Aufforstungsfläche von reichlich 1 Mio ha. Aber immerhin: die Zahlen liegen nicht jenseits der Vorstellungskraft, wenn man bedenkt, daß die Waldfläche der Erde mit insgesamt 4100 Mio ha /25/ angegeben wird und bis zu etwa 300 Mio ha potentiell aufgeforstet werden könnten (für Deutschland können 10,4 Mio ha Waldfläche und vielleicht ein Neuaufforstungspotential von 2 Mio ha angesetzt werden). Jeder Schritt in diese Richtung ist ein richtiger Schritt. Selbst kleine Schritte sind daher nützlich (wobei der Wald außer zur Kohlendioxidbindung selbstverständlich noch einen viel weiter reichenden „Lebenswert" besitzt).

Damit es nicht in Vergessenheit gerät: auch die Menschen (und Tiere) atmen Kohlendioxid aus. Die heute lebenden etwa 5,5 Milliarden Menschen sind für knapp 2 Milliarden Tonnen Kohlendioxid (entspricht reichlich 500 Millionen Tonnen Kohlenstoffäquivalent) jährlich „zuständig". Das Anwachsen der Menschheit um 1 Milliarde erhöht also den Ausstoß um rund 100 Millionen Tonnen Kohlenstoff-Äquivalent im Jahr. (Dabei wurde von etwa 8 l/min Ausatemvolumen für einen Erwachsenen, der sich nicht in besonderem Maß körperlich betätigt, und einem Kohlendioxidgehalt der Ausatemluft von etwa 4 % ausgegangen.)
Diese Zahlen sollen hier nicht kommentiert werden.

Grafik 8: Wasserstoff - Urstoff des Universums

- Für die Strategie einer nachhaltigen Energiewirtschaft kann aus den Überlegungen bezüglich des Kohlendioxids abgeleitet werden, **Kraftwerksneubauten mit einem Begleitprogramm zur Aufforstung zu kombinieren**. Natürlich nicht in Höhe einer vollständigen Kompensation. Das ist auch nicht notwendig, weil es sich bei allen angestellten Zahlenbetrachtungen um Werte handelt, deren anthropogener Anteil klein gegen den natürlichen ist und der zudem innerhalb der Genauigkeitsgrenzen der verwendeten Bilanzwerte liegt.

Die gleiche Überlegung gilt für weitere Teile der Energiewirtschaft, die auf Kohlenstoffverbrennung beruhen, zum Beispiel für Wärmeerzeugungsanlagen auf Basis von Öl und Gas oder auch von Holz und Dung, was in weiten Teilen der Welt noch üblich ist. (Die Verbrennung von Dung weist zudem auf ein zusätzliches Problem hin. Hier werden Stoffe verbrannt, und zwar in einer jährlichen Menge in der Größenordnung von Milliarden Tonnen, die mit den verwendeten Feuerstellen nicht nur einen niedrigen energetischen Wirkungsgrad haben, sondern die den landwirtschaftlichen Nutzflächen den notwendigen Dünger entziehen, was letztlich zu niedrigeren Ernten und damit zur Vergrößerung des Hungers führt /12/[2].)

Aus diesen Überlegungen wird ersichtlich, welch enger Zusammenhang objektiv zwischen Energiewirtschaft und Forst- bzw. Landwirtschaft besteht, und zwar in einem globalen Rahmen.

- Weitere Bestandteile einer nachhaltigen Energiewirtschaft im 21. Jahrhundert sind die im vorigen Kapitel bzw. im ersten Teil des laufenden Kapitels herausgearbeiteten Rahmenbedingungen in bezug auf Ressourcenschonung, Umweltschutz und Sicherheit. Sie erfordern

  - eine **relative Zurückdrängung von Öl und Gas zugunsten der Kohle** bei der Stromgewinnung,
  - eine **absolute Abnahme der Kohlenstoffverbrennung** für Strom und Wärme zugunsten „physikalischer“ Umwandlungsverfahren und von Oxidationsverfahren, die nicht auf Kohlenstoffverbrennung beruhen,
  - eine **Neubewertung der Chancen und Risiken der Kernenergie** (Spaltung und Fusion),
  - den additiven **Einsatz von regenerativen Energien** immer und überall dort, wo es wirtschaftlich möglich ist.

Diese Trendlinien einer nachhaltigen Energiewirtschaft im 21. Jahrhundert, die auf einer ganz und gar objektiven Grundlage abgeleitet wurden, stecken zugleich ein Rahmenprogramm von Forschung und Entwicklung ab.

---

[2] S. 18.

10 Zukunftsansätze heute

Welche konkreten Ansätze gibt es in der Energiewirtschaft, sich heute zukunftsgerecht zu verhalten?
Sich zukunftsgerecht zu verhalten, heißt, sich zunächst auf eine Renaissance des elektrischen Stroms als charakteristischer Energie und dann etwa ab Mitte des 21. Jahrhunderts auf Wasserstoff als neuer charakteristischer Energie einzustellen.
Die Infrastruktur für den naheliegenden Teil der Zukunft ist in wesentlichen Teilen vorhanden. Die Infrastruktur für den ferneren Teil der Zukunft ist in Ansätzen da: die für Stadtgas gewonnenen Erfahrungen und die für Erdgas heute genutzte Infrastruktur sind konkrete Zukunftsansätze. Hinzu kommt die Infrastruktur mit flüssigen Kohlenwasserstoffen, die auch Ansätze für flüssigen Wasserstoff oder für Methanol bieten.
Insgesamt ist man gut beraten, die eben behandelten Grundlinien eines nachhaltigen Energiewirtschaftens zu beachten.

In einer Schrift des Forums für Zukunftsenergien e.V. /19/ wurden das Leitziel einer langfristigen Energiestrategie und detaillierte Anforderungen an die Energiewirtschaft in Erfüllung dieses Leitziels formuliert. Leitziel und Anforderungen sollen hier wiedergegeben werden, weil sie zeigen, in welchem Umfang derzeit in Deutschland ein Konsens in der Energiewirtschaft hergestellt werden kann, und weil es für den Leser durchaus reizvoll ist, die in diesem Buch herausgearbeiteten Grundlinien der weiteren energiewirtschaftlichen Entwicklung daran zu messen.

Das Leitziel lautet (S. 13): „Energie soll ausreichend und - nach menschlichen Maßstäben - langandauernd so bereitgestellt werden, daß möglichst alle Menschen jetzt und in Zukunft die Chance für ein menschenwürdiges Leben haben, und in die Wandlungsprozesse nicht rückführbare Stoffe sollen so deponiert werden, daß die Lebensgrundlagen der Menschheit jetzt und zukünftig nicht zerstört werden."

Die Anforderungen lauten (S. 14-17):

1. Ausreichende Menge
2. Bedarfsgerechte Nutzungsqualität sowie Flexibilität
3. Versorgungssicherheit
4. Ressourcenschonung
5. Inhärente Risikoarmut und Fehlertoleranz
6. Umweltverträglichkeit
7. Internationale Verträglichkeit
8. Soziale Verträglichkeit
9. Effizienz der Energiesysteme im Sinne niedriger Kosten

Ich denke, diesen Grundsätzen kann man uneingeschränkt zustimmen.

In derselben Schrift wurde der Zuwachs des Primärenergieverbrauchs bis 2050 - von den einzelnen Mitwirkenden unterschiedlich artikuliert und begründet - auf eine Verdoppelung festgelegt. Theoretisch ist in der Schrift sogar eine Versechsfachung angegeben, nämlich dann, wenn man den heutigen Energieverbrauch der wirtschaftlich fortgeschrittenen Länder allen Menschen, die um 2050 leben werden (ca. 10 Milliarden), zubilligt, was aber zugleich für nicht möglich gehalten wird. Darüber wurde allerdings kein Konsens erzielt.

Das bedarf der Kommentierung. Verdoppelung des gesamten Primärenergieverbrauchs der Welt bis 2050 heißt bei annähernder Verdoppelung der Bevölkerung im gleichen Zeitraum (von 1993 5,4 Mrd. auf etwa 10,1 Mrd. im Jahr 2050), daß der Pro-Kopf-Verbrauch an Primärenergie im Weltdurchschnitt in etwa gleich bleibt. Das bedeutet praktisch

- entweder eine Verringerung des Pro-Kopf-Verbrauchs der Industrieländer bei gleichzeitiger sehr moderater Steigerung des Pro-Kopf-Verbrauchs der (zahlenmäßig sehr viel bevölkerungsstärkeren) Schwellen- und Entwicklungsländer, was dazu führen würde, daß 2050 der Vorsprung der Industrieländer gegenüber allen anderen Ländern immer noch immens groß wäre
- oder - was sehr wahrscheinlich ist - die Beibehaltung und sogar den (möglicherweise aber nur moderaten) Ausbau des Pro-Kopf-Verbrauchs an Primärenergie in den Industrieländern, was den anderen Ländern überhaupt keinen energiewirtschaftlichen Entwicklungsspielraum pro Kopf ließe.

Damit ist ein Szenarium, das auf nur einer Verdoppelung des absoluten Primärenergieverbrauchs weltweit bis 2050 beruht, unrealistisch; es trägt sogar neokolonialistische Züge.
Was die in der Forum-Schrift als nicht verkraftbare Versechsfachung des absoluten Primärenergieverbrauchs anbelangt, die dann angenommen werden muß, wenn man allen 2050 lebenden Menschen soviel Energieverbrauch zugestehen würde, wie die Menschen in den westlichen Industrieländern heute für sich beanspruchen, so stellt sich die damit verbundene Erhöhung des Pro-Kopf-Verbrauchs an Primärenergie wie folgt dar:

- 5,5 Mrd. Menschen verbrauchen heute weltweit durchschnittlich 2,2 t SKE je Kopf, was einem Gesamtverbrauch an Primärenergie von etwa 12,1 Mrd. t SKE entspricht;
- das etwa Sechsfache wäre ein Gesamtverbrauch an Primärenergie von 75 Mrd. t SKE im Jahr 2050;
  das bedeutet bei 10,1 Mrd. Menschen einen Pro-Kopf-Verbrauch an Primärenergie im Jahr 2050, der um das 3,4 fache höher liegt als heute (7,5 t SKE).

Diese Zahlen sollen verglichen werden mit den Voraussagen, die im vorliegenden Buch gemacht werden. Der charakteristische spezifische Energieverbrauch

(Verteilungsenergie !) im Zustand ***D*** (etwa 1990) beträgt bekanntlich 32000 kWh. Das ist nicht der Weltdurchschnitt, sondern es ist definitionsgemäß der Durchschnitt der fortgeschrittenen Industrieländer, in denen keine allgemeine Energieverschwendung angenommen werden kann. Umgerechnet sind - zum Vergleich - diese 32000 kWh etwa 4 t SKE. Dieser charakteristische spezifische Energieverbrauch kann sich der Vorsage gemäß bis zum Entwicklungszustand ***E*** auf das Vierfache erhöhen. Der entsprechende Zeitpunkt kann - wenn man die 90-%-Grenze der Sättigung entsprechend Anhang 2 zugrunde legt - etwa für das Jahr 2100 abgeschätzt werden. Das Vierfache bedeutet bei 12 Mrd. Menschen eben immerhin: 4 t SKE · 4 = 16 t SKE, multipliziert mit 12 Mrd. Menschen insgesamt weltweit 192 Mrd. t SKE an Verteilungsenergie (Endenergie). (Zum Vergleich mit der Abschätzung des Primärenergiezuwachses im Abschnitt 7.6: 216 Mrd. t SKE.)
Diese Abschätzungen bis 2050 bzw. bis 2100 machen ein weiteres Mal deutlich, daß die Hoffnung, den Primärenergiezuwachs bis 2050 auf eine „Verdoppelung“ begrenzen zu können, wohl illusorisch ist.
Überhaupt kein Konsens unter den Mitwirkenden wurde bei der Formulierung - oder besser: der Bewertung - der nachfolgenden Energiesysteme für das 21. Jahrhundert gefunden:

1. „fossiles Energiesystem“: bleibende Dominanz fossiler Energieträger
2. „regeneratives-nicht nukleares Energiesystem“: fossile Energieträger werden durch regenerative Energieträger allmählich abgelöst; Kernenergie wird ebenfalls mittelfristig abgelöst
3. „nuklear-regeneratives Energiesystem“: fossile Energieträger werden im kommenden Jahrhundert deutlich reduziert und sowohl durch nukleare als auch durch regenerative Energieträger ersetzt

Eine vierte Option wurde theoretisch noch angefügt, der aber wohl alle Mitwirkenden keine Chance einräumen. Der Vollständigkeit halber sei sie genannt:

4. „nuklear-fossiles Energiesystem“: Kernenergie dominiert gegen über den fossilen Energieträgern; regenerative erlangen nur eine marginale Bedeutung

Ganz abgesehen davon, daß auch bei dieser Betrachtung wieder nur die Primärenergie untersucht wurde, was heute einfach als überholungsbedürftig angesehen werden muß, wird so getan, als ob der Menschheit diese unterschiedlichen Energiesysteme als wählbare Option offenstehen, so daß es nur darauf ankommt, was eine repräsentative Mehrheit beschließen wird. Dem ist jedoch nicht so. Wenn überhaupt etwas aus der Geschichte zu lernen ist, dann doch, daß in großen Zügen die energiewirtschaftliche Entwicklung gesetzmäßig verläuft. Wir haben ganz einfach nicht die freie Wahl, welchem möglichen Energiesystem wir den Vorzug geben wollen, sondern wir können durch wissenschaftliche Analyse, vielleicht gepaart mit ein bißchen Intuition, herausfinden, welches denn die wahrscheinliche, objek-

tive, das heißt vom Willen des Einzelnen unabhängige Entwicklung sein wird. Das berührt selbstverständlich die grundsätzliche, ins Philosophische reichende Frage nach dem Verhältnis von Willensfreiheit und Einfügung in objektive Sachzwänge. Dabei wird die Freiheit "*jedes* Einzelnen" keineswegs eingeschränkt; er entscheidet individuell nach seiner Beurteilung der wirtschaftlichen Möglichkeiten. Aber die Freiheit „*aller* Einzelner" ist nicht willkürlich gegeben, sondern bewegt sich im Rahmen der sachlichen und zeitlichen Bedingungen, unter denen gesellschaftlich gewirtschaftet wird. **Das heißt konkret unter anderem für uns, daß die Systementscheidung für eine künftige einheitliche Welt-Energiewirtschaft nicht so oder so getroffen werden kann, sondern im Zuge der allgemein beobachtbaren zunehmenden Globalisierung des Marktes objektiv festliegt, weil sie aus der Geschichte heraus gesetzmäßig folgt.**
Darauf verweist Marchetti /23/[1], wenn er mit Hinblick auf die Entwicklung der Energiewirtschaft als Bestandteil des gesamten Wirtschaftssystems feststellt, „daß sehr wohl festgefügte und langfristig verläßliche Entwicklungen ihren Lauf nehmen, und zwar nicht nur im Kapitalismus. Ganz einfache Modelle, angewandt mit dem richtigen Augenmaß physikalischer Kenntnisse, können... zur Definition politischer Ziele entscheidend beitragen und damit als Wegweiser... dienen".
Genau das ist auch mit dem vorliegenden Buch beabsichtigt.

Es sei mir gestattet, bei dem aufgeworfenen Problemkreis noch einen Augenblick zu verharren. Daß sich die energiewirtschaftliche Entwicklung in großen Zügen nach einem objektiven Regelwerk vollzieht, heißt um Gottes willen nicht, daß alle Ereignisse bereits vorbestimmt und daher menschliche Entscheidungen entbehrlich sind. Die Objektivität der wirtschaftlichen Evolution setzt sich ja gerade - anders als bei Naturgesetzen - durch die sehr große Zahl von subjektiven Einzelentscheidungen und Gruppenentscheidungen durch. Jede für sich mag zufällig sein, alle zusammen fügen sich in einen Rahmen. Und nun kann man ohne Zweifel besser entscheiden, wenn man weiß, welcher objektiver Rahmen wirtschaftlich gesetzt ist und welche Bahnen sich als wirtschaftlich erfolgreich erweisen können. Man kann mit einem solchen Wissen die Wahrscheinlichkeit von Fehlentscheidungen verringern, man kann Verluste absolut minimieren, indem man in das voraussichtlich Machbare investiert, und man kann zusätzliche Reibungsverluste, auch zusätzliche Transaktionskosten, vermeiden. Dazu soll dieses Buch einen Beitrag leisten. Es zeigt objektive Entwicklungstendenzen auf, es gibt Hinweise, es kann aber natürlich nicht die verantwortungsbewußte persönliche Entscheidung der agierenden Wirtschaftssubjekte ersetzen. Und damit will es nicht den Eindruck vermitteln, daß die persönliche Entscheidungsfreiheit in der Wirtschaft beschränkt sei. Diese ist gegeben, und sie wird selbstverständlich nach den wirtschaftlichen Möglichkeiten, die der Entscheidende sieht, genutzt werden.

---

[1] S. 16.

Die Erkenntnis, daß es eine weitgehend objektiv determinierte Entwicklung in der Energiewirtschaft gibt, und zwar unabhängig vom moralisch oder sonstwie motivierten Wunschdenken Einzelner oder von Interessengruppen, läßt ein gut Teil der heutigen Kontroverse, die sich besonders an der Rolle der Kernenergie und der regenerativen Energien sowie an der möglichen Beeinflussung des globalen Erdklimas durch die Energiewirtschaft entzündet, in „relatives Nichts" auflösen. Wenn man sich an Hand objektiver Gegebenheiten mit seinen Handlungen bescheiden muß, findet man auch Kraft, Mittel und Wege, das Machbare zu tun, das Bestmögliche unter den gegebenen Bedingungen zu erkennen und schrittweise zu verwirklichen. Diese Sachlichkeit und Nüchternheit, das geschäftsmäßige Herangehen an Probleme und Herausforderungen, scheint im Deutschland von heute zeitweise abhanden gekommen zu sein. An seine Stelle tritt der Glaubenskampf. Köcher /15/ bezeichnet Deutschland als ein in dieser Beziehung „hysterisches Land". „Ein Merkmal der deutschen Mentalität ist die Neigung, anstelle von Sachdiskussionen, in denen Vorteile und Nachteile, Risiken und Chancen nüchtern abgewogen werden, Weltanschauungskriege zu führen, in denen das Gute gegen das Böse steht." Korff /16/[2] sagt, ausgehend von der Kernkraftdiskussion: „Erstmals rückt das Pro und Kontra in Fragen der Vertretbarkeit von Technologien auf die Ebene kollektiver Überzeugungskonflikte ... Überzeugungskonflikte lassen, im Gegensatz zu Interessenkonflikten, als Lösung keine Kompromisse zu. Wo Wahrheit für eine Position beansprucht wird, bleiben Zugeständnisse ausgeschlossen."
Da kann man nur hoffen, daß diese fatale Lage bald überwunden wird.

Im folgenden sollen ergänzend noch einige aktuelle Diskussionsthemen aufgegriffen werden. Das geschieht nicht, um sozusagen „gültige" Antworten zu geben, sondern es ist beabsichtigt, Argumente aus der betrachteten historischen Sicht beizusteuern und damit eigene Standpunkte des Lesers zu bilden oder zu festigen.

Angeregt durch einen Beitrag von Schade /28/ sei zunächst eine Bemerkung zur *Ressourcenproblematik* angefügt. Kaum wird der Begriff der Ressource im Lichte nachhaltiger Entwicklung kritisch hinterfragt, werden sofort Stimmen laut, die sich nicht sachlich damit auseinandersetzen, sondern auswendig gelernte Schlagwörter verkünden /3/. Beispielsweise werden die Chancen der Kernenergie gar nicht erst in Betracht gezogen. Ein Leser weiß genau, was künftige Generationen brauchen, darunter auch an Energieträgern und Rohstoffen. Wie gut! Ich halte es einfach für erforderlich, sachlich zwischen den *biologischen Grundlagen* des Lebens und den *wirtschaftlichen Grundlagen* zu unterscheiden. Was die biologischen anbelangt, so gelten sie heute und sie werden noch lange gelten. Das heißt, sie müssen bewahrt werden: die Luft, das Wasser, der Boden, die Tier- und Pflanzenwelt. Das ist unbestritten und die Chancen dazu in Verbindung mit der Energiewirtschaft wurden in den zurückliegenden Kapiteln besprochen. Sie stehen nicht schlecht. Ganz anders sieht es aber mit den wirtschaftlichen Grundlagen aus. Da ist es doch

---

[2] S. 9.

anmaßend anzunehmen, künftige Generationen würden auf der gleichen Grundlage wirtschaften wollen wie wir heute. Unsere Generation wirtschaftet schließlich auch nicht mehr so wie die Menschen vor 100 oder vor 1000 oder vor 10000 Jahren.

Im übrigen ist in der zitierten Nummer der Zeitschrift /3/[3] ein Editorial enthalten, das Aufmerksamkeit verdient. Im Zusammenhang mit den teilweise reißerischen Veröffentlichungen zur „Klimakatastrophe" wird darauf verwiesen, daß eben solche „Katastrophen" der Job des Journalisten sind, der hohe Auflagen erzielen muß. „So ist Wissenschaft ein niemals endender Diskurs. Doch wir leben in hysterischen Zeiten. Da können viele Journalisten und ihre Medien, die in scharfer Konkurrenz um Auflagen und Einschaltquoten stehen, nicht das gemächliche Tempo der Wahrheitsfindung übernehmen." Und dann wird empfohlen: „Nicht alles ernst nehmen, was Journalisten täglich so auftischen, zumindest aber muß man es gründlich hinterfragen. Die heraufdämmernde Wissensgesellschaft bringt nicht nur mehr Informationen, sondern auch mehr Müll." Journalisten könnte man eine solche Einstellung zu den Ergebnissen der Wissenschaft vielleicht nachsehen. Ich frage mich nur, was geschieht, wenn ein Teil der Wissenschaftler selbst eine solche Einstellung hat, um an öffentliches Geld zu kommen? Dieses offene Wort eines Journalisten, der weiß, wovon er spricht, muß man gründlich durchdenken. Fazit ist: *keiner von uns wird davon freigestellt, alles, was er hört, sieht und liest, kritisch zu hinterfragen und sich nach bester Möglichkeit seine eigene Meinung zu bilden, jedenfalls solange die Verhältnisse eben so sind, wie sie sind.*

Noch ein weiterer Gedanke sei hier angefügt. Wenn man heute den Begriff des nachhaltigen Wirtschaftens verwendet, meint man wohl automatisch, *daß die heutigen Verhältnisse gewissermaßen den Maßstab darstellen*, an dem heutige und künftige Handlungen gemessen werden. Warum eigentlich die heutigen Verhältnisse? Und nicht die vor 100 oder 1000 Jahren, in denen die Natur vermutlich noch besser intakt war? Oder die von morgen oder in 100 Jahren, wo die Natur vielleicht noch viel liebenswerter sein mag als heute? Was zeichnet unsere Verhältnisse heute eigentlich so aus, daß sie konserviert werden sollten?
Denkt man auch ein bißchen daran, daß sich die Lebenserwartung in den vergangenen 150 Jahren verdoppelt hat, daß auf Grund verbesserter Hygiene Krankheiten ausgerottet oder wenigstens beherrschbar gemacht wurden, daß das Leben heute viel mehr Freizeit und Erholung, viel mehr Bildung und Kultur kennt? Und daß dies alles durch die moderne Zivilisation, die Wirtschaft und die Energiewirtschaft erreicht wurde, und nicht etwa gegen sie? Denken wir daran, daß es keinen Grund gibt, daß sich dieser reale Fortschritt auch in Zukunft fortsetzt, wenn wir uns nur vernünftig verhalten.

---

[3] S. 108.

Grafik 9: Kernenergie - Vergangenheit oder Zukunft der Energieversorgung?

Denken wir daran, daß im Unterschied zu Europa in den Entwicklungsländern „der Mangel an Energie eine der wichtigsten Ursachen für Hunger und Armut“ /16/ ist? Wir erschrecken heute, wenn wir uns vorstellen, daß die Menschen in den Entwicklungsländern einmal genau so viel Energie verbrauchen könnten wie heute die Europäer oder die Nordamerikaner, daß sie genau so viel Wasser zum Waschen und zur Hygiene und daß sie genau so viel zu essen verlangen könnten, wie es in den reichen Ländern ganz selbstverständlich ist. Ohne eine solche Haltung jemand bewußt unterstellen zu wollen, muß man doch darauf verweisen, daß allein der Gedanke, die Entfaltung der Mehrzahl der Menschen in Frage zu stellen, objektiv Fortsetzung des Kolonialismus mit anderen Mitteln ist. Sie ist untauglich zur Lösung globaler Probleme. Natürlich wird hier nicht der Energieverschwendung das Wort geredet, aber es wird darauf verwiesen, daß ausreichende und bezahlbare Energie der Schlüssel zur Lösung vieler, auch globaler, Probleme ist. Eine ordentliche Energiewirtschaft kann Wasser- und Nahrungsmittelknappheit überwinden helfen, kann die Verwirklichung eines lebenswerten Lebens für alle Menschen unterstützen.

Zusammengefaßt heißt das, es kommt darauf an, Energie immer preiswerter zu machen, zu erreichen, daß von mangelnder Energie keine Entwicklungshemmnisse verursacht werden. Und nicht etwa das Gegenteil anzustreben: die Energie künstlich, zum Beispiel durch Steuern, noch weiter zu verteuern (ganz töricht wäre es dann noch, diese „Verteuerung“ nur in einem Land oder nur in wenigen Ländern einzuführen).
Ganz klar die Schlußfolgerung: wer Energie durch Steuern noch weiter verteuern will, beabsichtigt, das höchst effektive Werkzeug „Energie“, mit dem der Boden der Zukunft bearbeitet wird, stumpf zu machen. Oder, um ein anderes Bild zu gebrauchen: das Boot leck zu schlagen, mit dem man anschließend über den See rudern will.

Ein weiteres aktuelles Stichwort ist die *Internalisierung externer Kosten.*
Mit externen Kosten sind offenbar die sozialen Kosten gemeint, die die Allgemeinheit für die Energiewirtschaft aufzubringen hat, und zwar für die Ressourcen, die „kostenlos“ (als Gemeingut) bezogen werden, und für die Schäden, die der Umwelt zugefügt werden, ohne daß deren Beseitigung (oder auch nur Duldung) bezahlt werden müßte.
Dazu ist zweierlei anzumerken.
Zunächst ist es besser, wenn überhaupt kein Gemeingut, wie die Luft, wirtschaftlich benutzt wird und wenn der Umwelt überhaupt keine Belastung zugefügt wird. Durch Wahl geeigneter Energiestrategien und Einsatz geeigneter technischer Mittel ist diese Forderung schrittweise immer besser zu verwirklichen. In einer Übergangszeit kann beispielsweise die kohlenstoffverbrennende Energiewirtschaft mit Auflagen zur Aufforstung belegt werden. Das ist allemal konkreter als der Ver-

such, externe Kosten berechnen und die daraufhin erzielten Einnahmen staatlich verwalten lassen zu wollen.
Diese Übergangsverfahrensweise weist im übrigen auf bestimmte künftige Lösungsmöglichkeiten hin - und das ist die zweite notwendige Anmerkung - , das Problem der Internalisierung externer Kosten später prinzipiell dadurch aus der Welt zu schaffen, daß die wirtschaftlichen „Bilanzkreise" größer werden, sowohl geografisch als auch branchenmäßig. Letzteres würde beispielsweise dadurch entstehen, daß die Energiewirtschaft nicht unabhängig von der Forstwirtschaft oder auch der Landwirtschaft oder dem Verkehr betrachtet werden kann. Ersteres dadurch, daß nicht mehr das einzelne lokale Unternehmen betrachtet wird, sondern der Blick regionale oder kontinentale Dimensionen annimmt.

Soweit einige Gedanken zu einigen aktuell diskutierten Problemsachen im Zusammenhang mit der Energiewirtschaft.
Solche Problemfelder werden auch in Zukunft immer wieder neu entstehen. Das sollte niemand beunruhigen. Wichtig ist, sich vor Augen zu halten, daß Probleme in der Regel in drei aufeinanderfolgenden Stufen auftreten und uns herausfordern:

1. Problembewußtsein
   Es ist zunächst bedeutsam, ein Problem zu sehen und zu identifizieren.
   Bezüglich der Umwelt ist es das historische Verdienst der „Grünen"- Bewegung, ein solches Problembewußtsein erzeugt zu haben.

2. Problemanalyse
   Das Problem muß untersucht werden. Risiken, aber auch Chancen, müssen offengelegt werden.

3. Problemlösung
   Praktisch gibt es für jedes Problem Lösungsansätze.

Häufig ist es heute so, daß bei Problemen nur die erste Stufe gesehen wird. Die zweite und dritte Stufe verlangen aktives Bemühen. Bleibt man bei der ersten stehen, dann erzeugt das Angst. Angst vor dem Unbekannten. Das ist eigentlich nicht neu und tritt häufig auf, wenn sich ein Wirtschaftsorganismus in einer Sättigungsphase befindet und nichts mehr so richtig weitergehen will. Das gab es in der Vergangenheit schon mehrfach, und immer wieder hat sich der Mensch daraus befreit. Mit wirtschaftlicher Innovation, mit Kreativität und mit Engagement.
Das sollte auch für die kommende Zeit gelten.
Dann werden wir wieder lernen, welch ein mächtiges Werkzeug die Energie in unserer Hand ist.
Energie ist in unserer Welt genügend vorhanden, wenigstens vom Grundsatz her. Sie ist aus menschlicher Sicht unerschöpflich. Sie muß nur und sie kann wirtschaft-

lich nutzbar gemacht werden. In der Vergangenheit wie heute und wie in der Zukunft.
Die charakteristischen Energien, die in diesem Buch betrachtet wurden, und der jeweilige charakteristische spezifische Energieverbrauch sind Ausdruck für den Reifegrad, den ein Wirtschaftsorganismus historisch erreicht hat, und sie sind als objektiv gegebene Folge sichtbare Zeichen für den schrittweisen, mühsamen Prozeß der wirtschaftlichen Befreiung des Menschen.
Das macht auch noch einmal deutlich, daß nicht die Verschwendung von Energie das Ziel wirtschaftlicher Tätigkeit ist - das wäre gewiß eine sehr vulgäre Art von Freiheit - , sondern das Ziel ist Bereitstellung von Energie in dem Umfang, wie sie für die weitere wirtschaftliche Entwicklung notwendig ist.
Mit ausreichend Energie ist auch ausreichend Wasser auf der Erde vorhanden; auch Wasser ist eben aus menschlicher Sicht prinzipiell unerschöpflich. Schließlich sind auch Fruchtbarkeit des Bodens sowie Reinheit der Atmosphäre und der Weltmeere durchaus eine Funktion der verantwortlich wahrgenommenen wirtschaftlichen Rolle der Energie. Und letztlich die Nahrungsmittelherstellung ebenfalls, und diese künftig vermutlich nicht nur unter Zuhilfenahme der Naturressourcen Boden und Wasser.
Praktisch sind alle heute erkennbaren grundsätzlichen Weltentwicklungsprobleme mit der Energiewirtschaft verknüpft und durch sie positiv zu beeinflussen.
Nochmals: daraus ist nicht der Schluß abzuleiten, mit Energie verschwenderisch umzugehen - oder mit den Gütern der Erde Mißwirtschaft zu betreiben und dann hinterher mit hohem Energieeinsatz die Schäden wieder einigermaßen zu beseitigen. Am Beispiel der Meerwasseraufbereitung zu Trink- und Brauchwasser wird deutlich, daß es bei der hier betrachteten Problematik keineswegs etwa nur um die Beseitigung zivilisatorischer Übel geht, sondern um die notwendige Aufbereitung natürlicher Ressourcen für die wachsende Menschheit und ihre wachsenden Grundbedürfnisse. Nur mit ausreichend Energie ist die künftige Lösung solcher globalen Probleme überhaupt vorstellbar.
Energie ist ein mächtiges Werkzeug in menschlicher Hand, das - verantwortungsbewußt eingesetzt - dem Menschen hilft, Lebensqualität zu erhalten und zu verbessern, Umwelt zu bewahren und Kultur zu pflegen und sich damit selbst zu verwirklichen.
Energie bringt Wärme, Licht und Kraft in diese Welt.

Anhang 1

Grundzüge einer universalen Wirtschaftsentwicklung

Vorbemerkung

Es wird im nachfolgenden ein Modell der universalen wirtschaftlichen Evolution dargestellt, das über eine plausible Strukturierung der Entwicklungslinie verfügt. Damit werden Hauptperioden der universalen wirtschaftlichen Entwicklung identifiziert, die den bei der Entwicklung der Energiewirtschaft herausgearbeiteten Entwicklungsstufen entsprechen und ohne die vermutlich diese Entwicklungsstufen der Energiewirtschaft nicht in vollem Umfang verständlich wären.
Dabei wird bei dem dargestellten Modell der universalen wirtschaftlichen Entwicklung weitgehend auf eine detaillierte theoretische Beweisführung und eine geschichtliche Verifizierung verzichtet, da dies nicht Anliegen des vorliegenden Buches ist. Es wird lediglich darauf geachtet, daß das Modell in sich logisch und konsistent ist.
Das dargestellte wirtschaftliche Entwicklungsmodell steht als Synonym für Gesetzmäßigkeit in der wirtschaftlichen Entwicklung. Das heißt, es kommt hier nicht darauf an, Einzelheiten aufzuhellen, sondern Zusammenhänge, die große Linie, sichtbar werden zu lassen.
Es soll dazu dienen, deutlich zu machen, daß eine sich nach objektiven Grundregeln entwickelnde universale Energiewirtschaft sich gut einfügt in eine sich nach objektiven Grundregeln entwickelnde universale Wirtschaft. Beide gehen konform.

A1-1 Wirtschaftskraft und wirtschaftliche Produktivkraft

A1-1.1 Der aktuelle Evolutionspunkt

Die bisherige Geschichte der Menschheit ist eine Geschichte der Art und Weise, wie Menschen gewirtschaftet haben. Mit dieser These wird zwar nicht die historische Realität in ihrer Totalität erfaßt, sie wird aber auf deren wesentliche Grundlage zurückgeführt.
Diese These sei an den Anfang der nachfolgenden Untersuchungen gestellt; sie wird am Ende durch die Plausibilität des entwickelten Modells verifiziert. Gerade in dieser Zeit, in der wir Zeuge des dramatischen Zusammenbruchs des sowjetsozialistischen Wirtschaftssystems geworden sind, ist die Frage aktuell, welche tiefgreifenden wirtschaftlichen Ursachen tatsächlich einen solchen dramatischen

Zusammenbruch eines Weltsystems bewirkt haben, das mit der Oktoberrevolution 1917 einmal angetreten war, gesetzmäßiger Erbe aller bisherigen ökonomischen und sozialen Entwicklungen der Menschheit zu sein. Subjektive Unfähigkeit der Führung als alleinige Ursache zu identifizieren, ist wissenschaftlich unbefriedigend und ist im Grunde nicht mehr als ein bequemes politisches Argument. Diese Frage gewinnt sofort eine historische Dimension, wenn sie darauf erweitert wird, welche wirtschaftlichen Ursachen denn dazu geführt haben, daß das mächtige *Römische Imperium* zusammengebrochen ist? Der Einfall der Barbaren ist eine ebenso nur punktuelle Erklärung wie der aufkommende Nationalismus im Sowjetimperium. Ursächlich ist beides nicht.
Der letztlich wirtschaftlich verursachte Zusammenbruch des Römischen Imperiums und des Sowjetimperiums trägt offenbar frappierende Gemeinsamkeiten, obwohl 1500 Jahre europäischer und Weltgeschichte dazwischenliegen .

Im folgenden kann und soll nicht der - an sich reizvolle - Versuch unternommen werden, die wirtschaftlichen Institutionen beider Imperien auf ihre formalen und effektiven Gemeinsamkeiten im Detail zu untersuchen. Es soll aber untersucht werden, welche sehr grundsätzlichen Gemeinsamkeiten zwischen beiden historischen Zuständen bestehen, und das im Vergleich zu allen anderen relevanten historischen Zuständen. Das Ergebnis ist ein Gesamtblick der wirtschaftlich geprägten menschlichen Geschichte, der auch überraschende Einblicke in die Zeit gestattet, die vor uns liegt.

Vorausgesetzt, daß es eine wirtschaftliche Evolution gibt, das heißt daß die heutigen wirtschaftlichen Verhältnisse nicht einfach Ergebnis eines Zufallszahlengenerators sind, dann muß sich ein aktueller Evolutionspunkt definieren lassen. Im einfachsten Fall geschieht das in einem zweiparametrigen Koordinatensystem: der eine Parameter ist die Zeit, der andere Parameter soll die Wirtschaftskraft darstellen. An dieser Stelle steht die Wirtschaftskraft noch ohne exakte Definition, lediglich als Ausdruck für einen sehr komplexen Sachverhalt, der den erreichten Entwicklungsstand der Wirtschaft kennzeichnet. Unter diesen Annahmen ist der aktuelle Evolutionspunkt durch die beiden zusammengehörigen Wertepaare **t** (für Zeit) und **w** (für Wirtschaftskraft) eindeutig beschrieben. Oder anders ausgedrückt: die Wirtschaftskraft **w** ist eine Funktion der Zeit **t**.

Es bedeutet keine wesentliche Einschränkung für die Aussage, wenn in der Zuordnung des Wertes **w** zur Zeit **t** eine gewisse Schwankungsbreite zugelassen wird. Das heißt, es gilt $\mathbf{w}_2>\mathbf{w}_1$ für $\mathbf{t}_2>\mathbf{t}_1$ nur für hinreichend große Zeitabschnitte $\mathbf{t}_2-\mathbf{t}_1$. Damit ist zugelassen, daß die Wirtschaftskraft für einen späteren, aber benachbarten Zeitpunkt auch einmal kleiner sein kann, als für einen früheren Zeitpunkt. In der Regel muß aber für hinreichend große Zeitabschnitte gelten: je später, desto höher die Wirtschaftskraft, und umgekehrt: je früher, desto niedriger die Wirtschaftskraft.

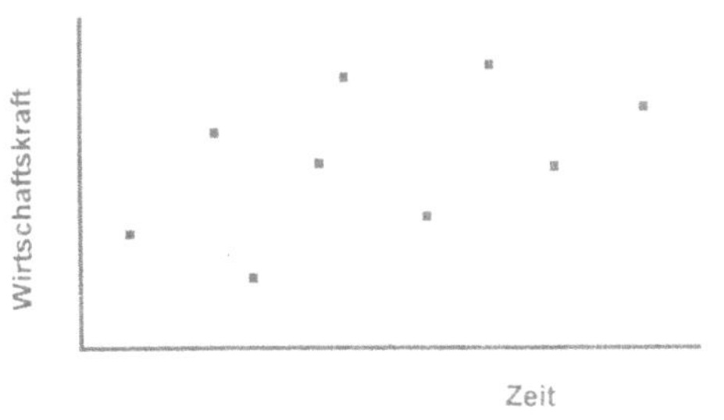

Abb. A1.1: Evolutionspunkte im Verlauf der Zeit

Einige der so definierten Evolutionspunkte sind in der Abb. A1.1 dargestellt.
Selbstverständlich können diese Evolutionspunkte nur für ganz konkrete Wirtschaftsorganismen ausgewiesen werden. Ein Wirtschaftsorganismus ist ein zusammenhängendes soziales Gebilde, das in einem geografisch begrenzten Raum Wirtschaftstätigkeit betreibt. Zu unterschiedlichen Zeiten bzw. zu unterschiedlichen Entwicklungspunkten haben solche Wirtschaftsorganismen eine ganz unterschiedliche Größe. Sie reichen von Siedlungen und Stämmen in der Frühzeit bis zu Nationen und Regionen heute und schließlich bis zu einer weltweiten Wirtschaft in der Zukunft.

A1-1.2 Die Evolutionslinie

Die Evolutionspunkte in der Abb. A1.1 sind nicht gleichmäßig über die Fläche verteilt. Mit der im vorigen Abschnitt getroffenen Konvention gruppieren sie sich in einem Streifen, der links unten mit niedriger Wirtschaftskraft zu frühen Zeitpunkten beginnt und nach rechts oben mit hoher Wirtschaftskraft zu späteren Zeitpunkten hinführt. Daraus entsteht eine Folge von Evolutionspunkten, die bei Annahme von Evolutionskontinuität, das heißt Ausschluß von Brüchen und Sprüngen, zu einer stetigen Evolutionslinie ausgezogen werden kann.

Dieser Sachverhalt ist in der Abb. A1.2 dargestellt. Selbstverständlich ist es nicht möglich, jetzt über Anfangs- und Endpunkt der Evolutionslinie sowie über die konkrete Form ihres Verlaufs irgendeine Aussage zu machen. Es wird lediglich angenommen, daß sie stetig sein soll und ansteigend ist.

Das bedeutet grundsätzlich zweierlei: jeder neue Evolutionszustand entwickelt sich aus einem vorhergehenden; und: die wirtschaftliche Evolution ist wie die soziale Evolution der Menschheit durch eine permanente Höherentwicklung gekennzeichnet, das heißt, die Entwicklung vollzieht sich von Niederem zu Höherem, von Einfacherem zu Komplexerem.
Die Koordinate Wirtschaftskraft - hier als Ausdruck der Höherentwicklung - ist bisher nicht definiert.
Sie ist eine so komplexe Größe, daß sie nicht mit einem einfachen Ausdruck erschlossen werden kann. Andererseits muß sie natürlich so einfach wie möglich definiert werden, um anschaulich zu bleiben und Aussagekraft zu gewinnen.

Als erstes und wichtigstes soll der zeitliche Aspekt aus dieser komplexen Größe herausgefiltert werden. Das ist derjenige Bestandteil, der zeitlich gerichtet ist, das heißt unumkehrbar ist. Dieser Bestandteil kumuliert im Verlauf der Zeit etwas auf, das nicht wieder verloren werden kann. Auch er ist damit eine sehr komplexe Größe und umfaßt Elemente, die primär an die Menschen als die wirtschaftlichen Akteure gebunden sind, darüber hinaus aber auch an Sachen, in denen sich menschliches Wissen und menschliche Fähigkeit vergegenständlicht haben. Wegen dieser Komplexität soll er mit dem von Karl Marx eingeführten Begriff der **wirtschaftlichen Produktivkraft** beschrieben werden.

Wirtschaftliche Produktivkraft bezeichnet die Gesamtheit der in einer bestimmten Zeitepoche in der menschlichen Wirtschaftstätigkeit angewandten Sachmittel, und zwar nach Qualität und Quantität, sowie die wirtschaftliche Kompetenz der mit Wirtschaftstätigkeit befaßten Mitglieder in einem konkreten Wirtschaftsorganismus. Die so definierten Sachmittel umfassen unter anderem die in der Wirtschaftstätigkeit angewandten Arbeitsmittel, Verfahren, Technologien, Materialien, Energien, das materielle Gefäßsystem und die materielle Infrastruktur, die Wirtschaftsorganisation, aber auch die verwandelten Sachmittel wie das Kapital. Diese Sachmittel gehen nach Qualität und Quantität in die wirtschaftliche Produktivkraft ein. Die im gleichen Zusammenhang definierte wirtschaftliche Kompetenz der mit Wirtschaftstätigkeit befaßten Menschen äußert sich in solchen Eigenschaften wie Arbeitsfertigkeit, Erfahrung, Ausdauer, Kraft, Intelligenz und Kreativität, wobei im Verlauf der Entwicklung die intelligenten Faktoren gegenüber den handwerklichen Faktoren an Bedeutung gewinnen.

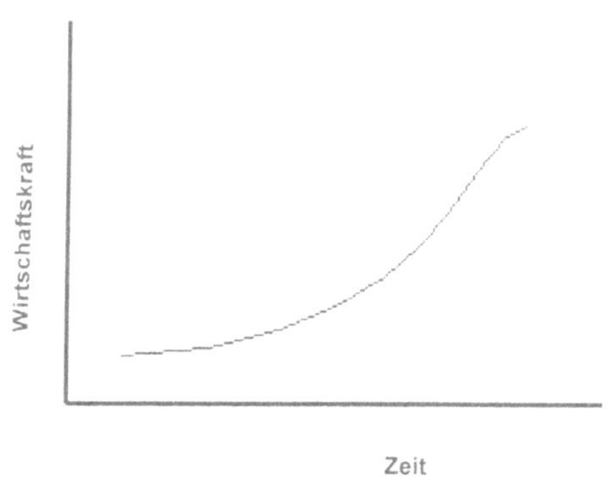

Abb. A1.2: Die Evolutionslinie in einer unbestimmten, einfachen Form

Damit kann nunmehr die Ordinate in der Abb. A1.2 durch die Größe wirtschaftliche Produktivkraft ersetzt werden, da in dieser Größe definitionsgemäß der zeitliche Bestandteil des komplexen Ausdrucks Wirtschaftskraft konzentriert ist. Mit dieser Kurve ist nunmehr eine eindeutige Zuordnung der Wertepaare wirtschaftliche Produktivkraft und Zeit gegeben. Das heißt, es ist also damit auch möglich, in

Grafik- oder Tabellendarstellungen die Größe „Zeit" durch die Größe „wirtschaftliche Produktivkraft" zu ersetzen.

A1-1.3 Evolutionsstufen

Eben war der zeitliche Aspekt der komplexen Größe „Wirtschaftskraft" herausgenommen und der Teilgröße „wirtschaftliche Produktivkraft" zugeordnet worden. Der Zeitverlauf soll genauer untersucht werden. Das heißt nichts anderes, als den realen Kurvenverlauf nach Abb. A1.2 zu bestimmen.

Die Entwicklung der wirtschaftlichen Produktivkraft vollzieht sich in Stufen, die jedoch nicht isoliert voneinander auf der Zeitachse stehen („Stetigkeit").

Im folgenden sei beispielhaft eine solche Zeitfolge genannt /32/:

Steinzeit (ca. 2,4 Mio Jahre v.u.Z. bis ca. 4500 v.u.Z.)
Metallzeit (Bronze-, Eisenzeit) (ca. 3500 v.u.Z. bis 650 u.Z.)
Zeitalter von Wasser und Wind (ca. 1000 bis ca. 1700)
Industriezeitalter (1737 bis 1876)
Zeitalter der Elektrizität (1879 bis 1946)
Zeitalter der Elektronik (1947 bis 1972)
Informationszeitalter (seit 1973)

Diese Zeitfolge enthält eindeutige Stufen der Entwicklung, jeweils mit einem Beginn und einem Ende. Andere Zeitfolgen kennen eine etwas andere Einteilung, auch hinsichtlich der Zeitspannen. Aber an dem dargestellten Grundprinzip ändert sich nichts.

Aus der wiedergegebenen Zeitfolge lassen sich die folgenden zwei grundlegenden Aussagen ableiten:
- die Stufeneinteilung erfolgt durchgängig mit kennzeichnenden Elementen, die der definierten wirtschaftlichen Produktivkraft zuzuordnen sind;
- die nächstfolgende Stufe schließt die vorhergehenden mit ein; es findet also tatsächlich ein Akkumulationsprozeß der wirtschaftlichen Produktivkraft statt, und zwar in einem universalen Sinn, das heißt, es ist damit gleichgültig, an welcher Stelle der Erde die jeweilige wirtschaftliche „Erfahrung" gemacht wurde.

Das heißt, in späterer Zeit kann man auch immer mit den Ergebnissen früherer Entwicklungsstufen umgehen, auch wenn man heute - bezüglich der Steinzeit - keine Megalithen mehr aufstellt oder - bezüglich der Bronzezeit - viele Gebrauchsgegenstände nicht mehr aus Bronze herstellt. Wissen, Erfahrung, Fähigkeit sind vorhanden; sie haben sich angesammelt.

Diese stufenförmige Entwicklung der wirtschaftlichen Produktivkraft ist schematisch in der Abb. A1.3 wiedergegeben.

Abb. A1.3: Treppenkurve der Evolution

Nunmehr werden einige grundlegende Merkmale der Entwicklung der wirtschaftlichen Produktivkraft, die augenscheinlich sind, zusammenfassend formuliert:

Die Entwicklung der wirtschaftlichen Produktivkraft ist ein kontinuierlicher Prozeß. Er kennt keine Unterbrechung in der geschichtlich bestimmten Zeitspanne, in der Menschen wirtschaften. Mit jedem Wirtschaftsakt, gleich ob bedeutend oder eher unscheinbar, entwickelt sich die wirtschaftliche Produktivkraft definitionsgemäß nach vorn: Produkte und Leistungen werden hergestellt und in den wirtschaftlichen Kreislauf gebracht, das Know how wird größer, Kapital entsteht, Investitionen werden getätigt usw. Damit, daß sich praktisch mit jedem elementaren Wirtschaftsakt die wirtschaftliche Produktivkraft weiterentwickelt, gibt es eigentlich kein horizontales „Plateau", wie es der Stufenentwicklung entsprechend Abb. A1.3 adäquat wäre. Denn ein solches Plateau würde bedeuten, daß es für eine bestimmte Zeitspanne praktisch keinen Entwicklungszuwachs gäbe. Das heißt nun nichts anderes, als daß die Stufendarstellung die tatsächliche Entwicklung nur ungenügend widerspiegelt.
Nach einem geeigneten Kurventyp muß also weiter gesucht werden.
Die wirtschaftliche Produktivkraft ist eine gerichtete Größe, sie pendelt nicht hin und her, sondern entwickelt sich immer nur nach vorn. Wenn auch das Entwicklungstempo anschaulich unterschiedlich sein kann, treten doch keine Sprünge und Brüche auf. Jeder neue Punkt entwickelt sich aus einem Vorgänger.

Die Entwicklung der wirtschaftlichen Produktivkraft ist ein Akkumulierungs- und Sättigungsprozeß. Wie bei vielen anderen Entwicklungsprozessen auch, akkumuliert sich die Größe "wirtschaftliche Produktivkraft" mit jedem vollzogenen Wirtschaftsakt. Allerdings ist die Akkumulationsrate in einzelnen Entwicklungsphasen anschaulich sehr unterschiedlich. Die Entwicklung ist zwar definitionsgemäß kontinuierlich, aber sie erfolgt eben irgendwie in „Stufen". In Vorbereitung auf eine neue Entwicklungsstufe und mit Beginn dieser neuen Stufe erfolgt zunächst eine sehr langsame Entwicklung (embryonale Phase). Mit Ausprägung und Konsolidierung der neuen Entwicklungsstufe setzt häufig erkennbar eine stürmische Entwicklungsphase ein (extensive Phase). Nach weitgehender Ausschöpfung des objektiven Entwicklungspotentials setzt eine Phase der ständigen Hinterfragung, Rationalisierung und Verbesserung der vorhandenen Wirtschafts-

prozesse ein (intensive Phase). Sie mündet schließlich in Sättigung und faktischer Stagnation. Das ist die Entwicklungsphase, in der sich eine neue Entwicklungsstufe andeutet, in der also mit den bisherigen Institutionen kein signifikanter Entwicklungsschub mehr erzielt werden kann.
Dieser Sachverhalt läßt sich anschaulich mit einer S-Kurve (logistische Wachstumskurve) darstellen (s. dazu Abb. A1.9). Die S-Kurve ist eine bessere Darstellung der Wirklichkeit als die Treppenkurve.

Die Entwicklung der wirtschaftlichen Produktivkraft ist nicht nur ein quantitativer, sondern auch ein qualitativer Prozeß. Dieser Prozeß stellt sich als Folge immer neuer Entwicklungsstufen und damit als Folge immer neuer S-Kurven dar, die sich zu einer Gesamtkurve aneinderreihen und die Höherentwicklung widerspiegeln.
In der Entwicklung der wirtschaftlichen Produktivkraft wird immer dann eine neue Stufe eingenommen, wenn das der bisherigen Stufe innewohnende Potential historisch ausgeschöpft ist und neue Rahmenbedingungen des Wirtschaftens, neue „Institutionen", aktuell werden, mithin eine neue Entwicklungsqualität entsteht.

A1-1.4 Energie als Indikator der wirtschaftlichen Produktivkraft

In Übereinstimmung mit dem Anliegen des vorliegenden Buches wird mit der Energie ein einheitlicher und durchgängiger Indikator der wirtschaftlichen Produktivkraft gewählt. Dieser Indikator wird qualitativ durch die **charakteristische Energie** und quantitativ durch den **charakteristischen spezifischen Energieverbrauch** repräsentiert.
Damit läßt sich jeder beliebige Evolutionsabschnitt der wirtschaftlichen Produktivkraft qualitativ und quantitativ beschreiben, unabhängig von der Größe des betrachteten Wirtschaftsorganismus, von seiner geografischen Lage und seiner zeitlichen Einordnung.

Diese Beschreibungsform endet mit der charakteristischen Energie „Wasserstoff" und mit dem charakteristischen spezifischen Energieverbrauch von 128 000 kWh. Das Ende der Folge ist nicht aus dem Wachstum der wirtschaftlichen Produktivkraft abzuleiten, sondern ergibt sich aus der Folge der identifizierbaren Wirtschaftsverhältnisse. Deren Zahl ist begrenzt. Die wirtschaftliche Produktivkraft würde, wenn sie unzulässig für sich allein betrachtet würde, definitionsgemäß bis ins Unendliche anwachsen.

Die Wirtschaftsverhältnisse werden im nächsten Abschnitt dieser Grundzüge behandelt.

A1-2 Wirtschaftskraft und Wirtschaftsverhältnisse

A1-2.1 Linearität der Wirtschaftsverhältnisse

Als nächstes soll ein Bestandteil aus dem Begriff Wirtschaftskraft herausgefiltert werden, der in einem weiten Sinne die Institutionen beschreibt, unter denen zu einer bestimmten Epoche die Wirtschaftstätigkeit ausgeführt wird. Damit wird ein Zustand definiert, in dem sich zu einer bestimmten Zeit ein Wirtschaftsorganismus befindet. Als charakteristisch zur Beschreibung eines solchen Zustands werden die **Bindungen** betrachtet, die im Wirtschaftsprozeß diejenigen Angehörigen eines Wirtschaftsorganismus eingehen, auf denen der wesentliche Teil der Wirtschaftstätigkeit ruht. Diese Menschen sollen als primäre Wirtschaftssubjekte bezeichnet werden.
Abstrahiert von den konkreten historischen Formen, unter denen diese primären Wirtschaftssubjekte ihre Wirtschaftstätigkeit ausüben, können prinzipiell drei Zustände unterschieden werden:

- der Status der Bindung (**b**)
- der Status der Unbindung (**u**)
- der Status der Halbbindung (**h**)

Der Status der Bindung drückt aus, daß die primären Wirtschaftssubjekte im Verlauf ihrer Wirtschaftstätigkeit direkten persönlichen Bindungen ausgesetzt sind, die ihnen zwangsweise einen Platz im Wirtschaftsorganismus zuweisen. Hierarchie und Unterordnung sind charakteristisch für diesen Status. Er gestattet die exzessive Ausnutzung des ihm innewohnenden wirtschaftlichen Potentials, erlaubt aber wegen der offenkundigen Innovationshemmnisse keine neue Qualitätsstufe in den Wirtschaftsinstitutionen zu erreichen. Er ist daher vom Grunde konservativ und bedeutet Stagnation in der Entwicklung. Letztlich liegt die Ursache dafür darin begründet, daß die Antriebsfolge für die primären Wirtschaftssubjekte unterbrochen ist. Das heißt, den primären Wirtschaftssubjekten im Status der Bindung ist es nicht gegeben, daß sie unmittelbar und nach Maßgabe ihres persönlichen Anteils an den Ergebnissen ihrer eigenen Wirtschaftstätigkeit teilhaben können und sie damit einen nachhaltigen Anreiz erhalten, ihre Wirtschaftstätigkeit zu verbessern, um damit im erweiterten Umfang konsumieren zu können. Die Antriebsfolge Produktion, Distribution, Konsumtion ist eben unterbrochen.
Der Status der Unbindung drückt aus, daß die primären Wirtschaftssubjekte im Verlauf ihrer Wirtschaftstätigkeit keinen direkten persönlichen Bindungen ausgesetzt sind. Sie sind als Wirtschaftssubjekte frei und können sich ihren Platz im Wirtschaftsorganismus nach eigenem individuellen Willen wählen. Kooperation und Gleichberechtigung sind charakteristisch für diesen Status. Er ist innovativ,

weil die Antriebsfolge Produktion, Distribution, Konsumtion nicht unterbrochen ist.

Zwischen diesen beiden Grundzuständen liegt der Status der Halbbindung, der eigentlich nichts anderes beschreibt als den Übergang zwischen den Extremen. Dabei ist aber im weiteren zu beachten, in welcher Richtung der Status der Halbbindung durchschritten wird, das heißt, ob vom Status der Bindung in Richtung Unbindung oder umgekehrt vom Status der Unbindung in Richtung Bindung.
Im Verlauf der Wirtschaftsgeschichte durchlaufen die institutionellen **Wirtschaftsverhältnisse** immer nur diese drei Zustände. Sie werden allerdings nicht nur einmal durchlaufen, wechseln also einander ab. Bei diesem Wechsel folgen niemals die Grundzustände Bindung bzw. Unbindung unmittelbar aufeinander, sondern dazwischen liegt immer ein Status der Halbbindung. Die Plausibilität dieser Rahmenbedingungen wird später sichtbar werden.
Mit diesen institutionellen Wirtschaftsverhältnissen ergäbe die Wirtschaftsgeschichte die nachfolgende einfache (lineare) Statusfolge:

... u - h - b - h - u - h ...

Ein eindeutiger Anfangs- und Endpunkt ist hierbei nicht gesetzt, und es wird nicht sichtbar, wie oft sich denn die einzelnen Teilfolgen wiederholen. Im Grunde genommen signalisiert eine solche Folge Bewegung in einem eng begrenzten Terrain, jedoch keine Entwicklung. Deshalb ist diese lineare Folge institutioneller Wirtschaftsverhältnisse sprachlich auch mit dem Konjunktiv eingeführt worden. Sie gibt die wirtschaftshistorische Realität nur unvollkommen wieder.
Das eindimensionale historische Denken, das dieser unterstellten Linearität zugrundeliegt, ist weit verbreitet. Im Grunde genommen gibt es gar keine Höherentwicklung. Alles war schon einmal da. Wir drehen uns im Kreise. Auch Marx und seine Epigonen waren ihm letztlich verhaftet, zwar nicht, was die Wiederholung früherer historischer Zustände angeht, sondern was die mechanische Strenge angeht, aus der ein Zustand aus dem vorhergehenden folgt und daß eine solche Folge unumkehrbar ist. Aus der Urgemeinschaft folgt zwangsläufig die Sklaverei, und aus dem Kapitalismus folgt zwangsläufig der Sozialismus.
Die Realität sieht anders aus, und es soll versucht werden, ihr im Modell durch Hinzufügung einer zweiten Dimension für die Wirtschaftsverhältnisse näher zu kommen.

A1-2.2 Zweiparametrige Darstellung der Wirtschaftsverhältnisse

Die zweite Dimension der Wirtschaftsverhältnisse wird dadurch eingeführt, daß noch ein weiterer Aspekt von Bindungen betrachtet wird, denen die primären Wirtschaftssubjekte im Verlauf ihrer Wirtschaftstätigkeit unterliegen. Denn nicht nur

die direkten persönlichen Bindungen oder Unbindungen, denen die primären Wirtschafts*subjekte* ausgesetzt sind, sind wesentlich für die Gestaltung der Wirtschaftstätigkeit, für Ausmaß und Tempo der wirtschaftlichen Entwicklung und für die Entwicklung der wirtschaftlichen Produktivkraft, sondern noch weitere, indirekt wirkende Bindungen oder Unbindungen, die über die agierenden Wirtschafts*objekte* vermittelt werden. Damit werden sachliche Bindungen oder Unbindungen wirksam, die durch die Stellung zu diesen Wirtschaftsobjekten, das heißt Maschinen und Anlagen, die Infrastruktur und das Kapital - wo es denn gebildet wurde - charakterisiert werden. Wesentlich ist die Verfügungsberechtigung über diese relevanten Wirtschaftsobjekte. Da gibt es nur zwei Möglichkeiten: entweder die Verfügungsberechtigung ist gegeben und wird ausgeübt, oder die Verfügungsberechtigung ist nicht gegeben.
In der Regel begründet privates Eigentum individuelle Verfügungsberechtigung. Umgekehrt bedeutet individuelle Verfügungsberechtigung nicht auch automatisch das Vorhandensein von privatem Eigentum. Auch über formalem Gemeineigentum kann real eine individuelle Verfügungsgewalt ausgeübt werden. Wesentlich ist das tatsächliche Ausüben der Verfügungsgewalt.
Die indirekten Wirtschaftsverhältnisse sind damit durch zwei Zustände gekennzeichnet:

- den Status der Bindung (**b**)
- den Status der Unbindung (**u**)

Diese indirekten Wirtschaftsverhältnisse sollen im folgenden mit dem Buchstaben **I** bezeichnet werden, die direkten im Unterschied dazu mit dem Buchstaben **D**.

Nunmehr sind alle Voraussetzungen gegeben, in den realen Verlauf der menschlichen Wirtschaftsgeschichte einzutreten und ihn modellhaft abzubilden.

Begonnen wird mit einem Zustand, in dem die Menschheit aus der Natur heraustritt und ein soziales Gebilde wird. Damit setzt das Wirtschaften ein. Dieser Zustand wird im folgenden als Urgemeinschaft, schematisch mit ***A***, bezeichnet. Die Wirtschaftsverhältnisse sind dadurch gekennzeichnet, daß sowohl die Zustandsvariable **D** als auch die Zustandsvariable **I** durch den Status der Unbindung beschrieben werden können:

A mit **D, I** gleich (**u**|**u**)

Damit ist der erste **Grundzustand** der Evolution (Urgesellschaft) identifiziert. (Was die Zustandskennzeichnung mit den Großbuchstaben anbelangt, s. dazu vorab die Abbildungen A1.4, A1.6 und A1.10.)
Als nächstes folgt ein **Zwischenzustand**, der dadurch gekennzeichnet ist, daß die Zustandsvariable **D** den Wert **h** annimmt. Die Zustandsvariable **I** befindet sich noch im Zustand **u**:

AB mit **D, I** gleich **(h|u)**

Der nächste Zustand der Evolution ist wieder ein Grundzustand, repräsentiert durch das Römische Imperium. Er ist durch die Zustandsvariable **D** mit dem Wert **b** und durch die Zustandsvariable **I** ebenfalls mit dem Wert **b** gekennzeichnet; Sklaven stellen die primären Wirtschaftssubjekte dar:

B mit **D, I** gleich **(b|b)**

Dieser zweite Grundzustand der Evolution ist damit in allem das vollständige Gegenteil des ersten Grundzustands.

Aus diesem zweiten Grundzustand der wirtschaftlichen Evolution heraus durchläuft nunmehr die Evolution einen langen Weg, um wieder in einen Zustand zu gelangen, der analog dem des Ausgangszustands ist, das heißt für den dann wieder das Wertepaar **(u|u)** gilt. Das ist ein Weg schrittweiser wirtschaftlicher „Befreiung“ von Individuum und Gesellschaft , auf dem sich die Menschheit auch heute noch aufhält.

Nach dem zweiten Grundzustand folgt wieder ein Zwischenzustand, für den definitionsgemäß **D** den Wert **h** annimmt. Die Zustandsvariable **I** befindet sich noch im vorangegangenen Grundzustand, nämlich **b:**

BC mit **D, I** gleich **(h|b)**

Der nächste Grundzustand (*C*) ist durch die Zustandsvariable **D** mit dem Wert **u** und durch die Zustandsvariable **I** mit dem Wert **b** gekennzeichnet (Kapitalismus der freien Konkurrenz; Manchester-Liberalismus; 1. industrielle Revolution):

C mit **D, I** gleich **(u|b)**

Der Status der Unbindung herrscht in den direkten Wirtschaftsverhältnissen; der Lohnarbeiter als nunmehriges primäres Wirtschaftssubjekt ist persönlich frei. In den indirekten Wirtschaftsverhältnissen - der Verfügungsberechtigung über die Wirtschaftsobjekte - herrscht der Status der Bindung. Der persönlich freie Lohnarbeiter hat keine Verfügungsberechtigung über die Wirtschaftsobjekte.

Der folgende Zustand ist wieder ein Zwischenzustand, der bezüglich **D** mit dem Wert **h** und bezüglich **I** mit dem Wert **b** (entsprechend dem vorangegangenen Grundzustand) gekennzeichnet ist:

CD mit **D, I** gleich **(h|b)**

Es folgt der nächste Grundzustand der Evolution, mit dem Wert **b** der Zustandsvariablen **D** - das ist das Gegenteil des vorangegangenen Grundzustands der freien Konkurrenz - und mit dem Wert **u** der Zustandsvariablen **I** - das ist ebenfalls das Gegenteil des vorangegangenen Grundzustands - gekennzeichnet, repräsentiert durch das Sowjetimperium:

D mit **D, I** gleich **(b|u)**

In den direkten Wirtschaftsverhältnissen herrscht Bindung, während die indirekten Wirtschaftsverhältnisse durch Unbindung charakterisiert werden müssen.

Der nächste Zustand ist ein Zwischenzustand, charakterisiert bezüglich **D** definitionsgemäß wieder mit dem Wert **h** und bezüglich **I** mit dem Wert **u**:

DE mit **D, I** gleich (**h**|**u**)

Der nächste Grundzustand ***E*** ist bezüglich der direkten und indirekten Wirtschaftsverhältnisse erwartungsgemäß wieder identisch mit dem Ausgangszustand ***A***:

E mit **D, I** gleich (**u**|**u**)

Dieser Grundzustand soll mit Globalgemeinschaft - gleich voll ausgeprägte Weltwirtschaft - bezeichnet werden.
Selbstverständlich unterscheidet sich der Grundzustand ***E*** wesentlich vom Grundzustand ***A*** im Parameter wirtschaftliche Produktivkraft, der ja definitionsgemäß zeitlich gerichtet und daher unumkehrbar ist.
Mit den soeben identifizierten vier bzw. fünf Grundzuständen der wirtschaftlichen Evolution, die damit gewissermaßen das tragende Gerüst der Evolution darstellen, ist nicht automatisch ausgesagt, daß alle diese Grundzustände auch durch alle Wirtschaftsorganismen real durchlaufen werden. Es wird noch zu zeigen sein, daß eigentlich nur zwei bzw. drei Grundzustände tatsächlich von allen Wirtschaftsorganismen passiert werden. Für die restlichen beiden trifft das nicht zu. Einer dieser beiden ist mit Gewißheit der Sowjetsozialismus, der aller Erfahrung und direkten Anschauung gemäß nur von wenigen Organismen tatsächlich eingenommen worden ist.

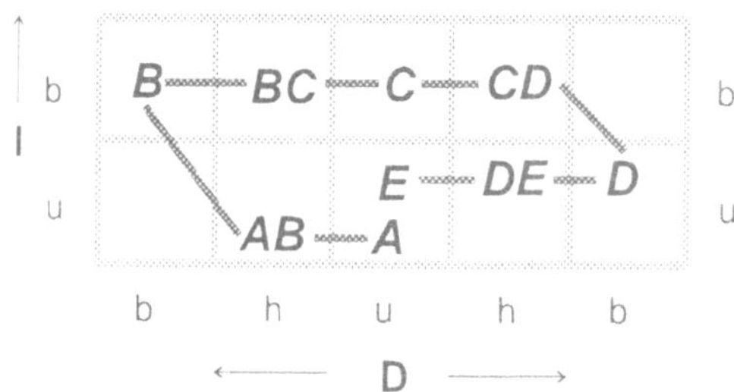

Abb. A1.4: Zustandsfolge in der Kombination von direkten und indirekten Wirtschaftsverhältnissen

In der folgenden Abb. A1.4 sollen die zweiparametrigen Wirtschaftsverhältnisse grafisch dargestellt werden. Die Abszisse wird von den direkten Verhältnissen **D** eingenommen; sie umfaßt den Wertebereich **u, h** und **b.** Die Werte **h** und **b** werden zweimal - links und rechts vom mittleren Wert **u** - dargestellt, um zu vermeiden, daß ein Wertefeld doppelt besetzt wird. Dem liegt im übrigen der reale Sachverhalt zugrunde, daß der Grundzustand ***C*** keinen Umkehrpunkt der Evolution darstellt, sondern der einzige universale **Durchgangspunkt** der Evolution ist; dazu weiter unten die Erklärung.

In dieser Darstellung kommt die in sich geschlossene Entwicklung der Wirtschaftsverhältnisse zum Ausdruck. Das bedeutet nichts anderes, als daß die ökonomischen Institutionen, die Förderung bzw. Hemmnis der Entwicklung bewirken, zahlenmäßig sehr begrenzt sind und sich darüber hinaus in einem bestimmten Rhythmus wiederholen.

Zwei Grundzustände springen besonders ins Auge: die Zustände ***B*** und ***D***. Das sind die im vorhergehenden Text mit Römischem Imperium und mit Sowjetimperium bezeichneten Zustände. Sie haben im Modell offenbar etwas Gemeinsames, wie schon anfänglich vermutet worden ist. Sie stellen **Umkehrpunkte** der Evolution dar. Gemeinsames Kennzeichen im Modell ist zunächst der Wechsel im Zustand der indirekten Wirtschaftsverhältnisse. Nur in diesen beiden Zuständen tritt ein solcher Wechsel auf. Im Grundzustand ***C*** sowie in dem Doppelzustand ***A*** bzw. ***E*** herrscht bezüglich der indirekten Wirtschaftsverhältnisse Kontinuität.

A1-2.3 Die besonderen Verhältnisse an den Extrempunkten

Entsprechend der Abb. A1.4 treten Extrempunkte vorrangig an den mit ***B*** und ***D*** bezeichneten Punkten auf. Darüber hinaus weisen aber auch die Grundzustände ***A*** und ***E*** Besonderheiten auf, die nunmehr untersucht werden sollen.

Der Grundzustand ***A*** ist der Anfangszustand menschlichen Wirtschaftens; funktionierende Wirtschaftsorganismen haben sich herausgebildet. Es handelt sich um einen sehr einfach strukturierten, ursprünglichen Zustand, bei dem sich sowohl die direkten als auch die indirekten Wirtschaftsverhältnisse im Status der Unbindung befinden. Viel mehr als irgendwelchen sozialen Mächten sind die Mitglieder dieses Wirtschaftsorganismus den Mächten der Natur ausgeliefert.

Der Grundzustand ***E*** präsentiert sich im Modell als der Endzustand menschlichen Wirtschaftens. Das Wirtschaften ist eine zeitweilige Erscheinung menschlicher Auseinandersetzung mit Natur und Umwelt und der Gestaltung der menschlichen Gemeinschaft. So wie es einmal in grauer Vorzeit historisch entstanden ist, wird es wieder verschwinden, allerdings nach allem, was aus dem Modell ablesbar ist und im Vergleich mit der Realität sichtbar wird, nicht erst in ferner Zukunft, sondern in einem überschaubaren Zeitraum von 100 bis allenfalls 200 Jahren. Dieser Zustand ist bezüglich der direkten und der indirekten Wirtschaftsverhältnisse wieder durch den Status der Unbindung gekennzeichnet, allerdings mit einem substantiellen Zuwachs an wirtschaftlicher Produktivkraft. Dieser Zuwachs an Produktivkraft allein ermöglicht erst das Ende des Wirtschaftens. Die Produktivität menschlicher Arbeit wird so hoch, daß das Tempo des Zuwachses an Bedarf vom Tempo des Zuwachses an Produkten und Leistungen überholt wird, das heißt es wird Bedarfsbefriedigung erreicht, ohne mit der Knappheit von Ressourcen zu wirtschaften.

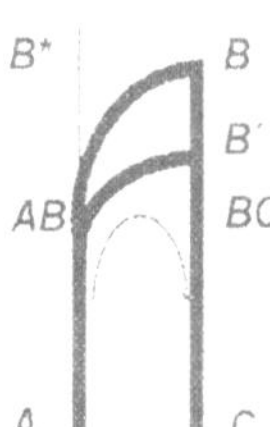

Ist die Menschheit mit dem Zustand ***A*** aus dem Reich der Natur in das Reich ökonomischer und sozialer Organisation eingetreten, verläßt sie dieses wieder mit dem Zustand ***E*** und betritt das eigentliche Reich der Kultur.

Abb. A1.5: Aufspaltung der Evolutionslinie im Zustand AB (und analog CD) durch Wechselwirkung verschiedener Wirtschaftsorganismen

Als besonders bedeutsam erweisen sich natürlich die Verhältnisse an den Extrempunkten ***B*** und ***D***. Sie markieren Umkehrpunkte der wirtschaftlichen Evolution. Beiden gemeinsam ist, daß sich die direkten Wirtschaftsverhältnisse im Status der Bindung befinden. Für die primären Wirtschaftssubjekte ist die Antriebsfolge Produktion, Distribution, Konsumtion wirksam unterbrochen. Deshalb sind schließlich die diesen Extrempunkten zugeordneten Evolutionszustände durch Stagnation der Entwicklung gekennzeichnet. Die sie tragenden Wirtschaftsorganismen zerfallen von innen heraus (Rom; die Sowjetunion).

Mit diesen dramatischen Ereignissen verbunden ist ein auffälliger zeitweiliger Dualismus in der Wirtschaftsentwicklung. Das soll schematisch mit der Darstellung in Abb. A1.5 verdeutlicht werden.

Die Entwicklung von ***A*** nach ***AB*** und innerhalb des Zwischenzustands ***AB*** verläuft für einige führende Wirtschaftsorganismen mit beschleunigtem Tempo ab. Dadurch entstehen signifikante Entwicklungsunterschiede zu benachbarten, konkurrierenden Wirtschaftsorganismen.

Würde die Entwicklung davon unbeeinflußt laufen, würde sie für alle geradewegs in einen neuen Zustand (***B****) münden. Keine Qualitätsänderung und keine Entwicklungsumkehr wäre die natürliche Folge davon. Tatsächlich besteht aber im Zustand ***AB*** eine intensive Wechselwirkung zwischen vorauseilenden und nachlaufenden Wirtschaftsorganismen. Beide stoßen sich ab, und beide ziehen sich zur gleichen Zeit an. Die Resultierende dieser Wechselwirkung bewirkt eine zeitweilige Parallelität der Entwicklung auf einer gekrümmten Bahn, die dazu führt, daß schließlich die Evolutionspunkte ***B*** bzw. ***B´*** erreicht werden. Dabei wird der Punkt ***B*** nur von wenigen, eigentlich nur von einem Wirtschaftsorganismus erreicht, der seinerseits dafür sorgt, daß kein anderer Wirtschaftsorganismus diesen Punkt einnimmt, es sei denn als Satellit, der aber letztlich in den führenden Wirtschaftsorganismus faktisch integriert wird und kein eigenständiges wirtschaftliches Leben mehr führt.

Der Punkt ***B'*** wird von allen anderen Wirtschaftsorganismen, die benachbart und zeitgleich existieren, eingenommen; sie haben sich erfolgreich gegen die Satellitenrolle am Punkt ***B*** zur Wehr gesetzt.

Der schließlich am Punkt ***B*** am Ende seiner individuellen Entwicklung in Selbstauflösung befindliche, ehemals starke Wirtschaftsorganismus stürzt auf den Entwicklungspunkt ***B'*** zu und reiht sich in die dort befindlichen Wirtschaftsorganismen ein. Er verliert seine ehemals prägende Kraft, hat aber immerhin noch so viel Gewicht, daß er die Bewegungsrichtung aller dort befindlichen Wirtschaftsorganismen ändern kann. Die gemeinsame neue Bewegungsrichtung zielt auf den Zwischenzustand ***BC*** und schließlich auf den neuen einheitlichen Grundzustand ***C***.
Wenn diese Modellinterpretation richtig ist, werden beispielsweise heute und künftig die Nachfolgestaaten der ehemaligen Sowjetunion, allen voran natürlich Rußland, noch einen wesentlichen, ja für die weitere Richtung sogar bestimmenden Einfluß auf die ökonomische und soziale Entwicklung Europas und der Welt nehmen, selbst wenn von ihnen keine eigene Entwicklungsdynamik mehr ausgeht. Der Sowjetsozialismus hinterläßt bezüglich der weiteren Evolution seine unauslöschlichen Spuren, so wie es das auch schon das antike Rom getan hat. Mit moralischen Kategorien versehen, erhält damit in einem weiten Sinn die unattraktive Rolle, die die römischen Sklaven und die Untertanen des Sowjetimperiums eingenommen haben, ihre reale historische Größe.

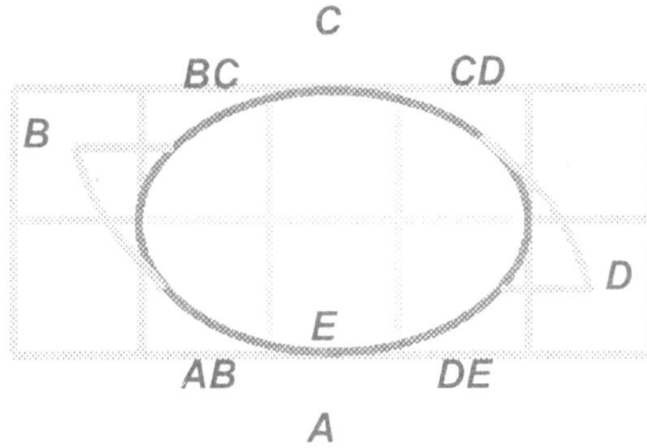

Abb. A1.6: Verallgemeinerte Darstellung der Wirtschaftsverhältnisse als Ellipse mit Besonderheiten an den Enden der großen Halbachse

Verwandelt man die tabellenartige schematische Darstellung der Evolution der Wirtschaftsverhältnisse nach Abb. A1.4 unter Beachtung der Situation an den Entwicklungspunkten ***B*** und ***D***, wie sie in Abb. A1.5 dargestellt ist, in eine fließende Form, so ergibt sich die Evolutionsellipse nach Abb. A1.6. Alle identifizierten Grund- und Zwischenzustände finden sich in ihr wieder.

A1-2.4 Reale historische Grund- und Zwischenzustände

Mit den Konventionen in den vorangegangenen Abschnitten ist die menschliche Geschichte auf eine gesetzmäßige Folge aufsteigender Wirtschaftszustände zurückgeführt worden. Das tragende Gerüst stellen vier (bzw. fünf) Grundzustände dar:

- die urgemeinschaftliche Wirtschaftsweise - **D, I = (u|u)**
- die Wirtschaftsweise der antiken Massensklaverei - **D, I = (b|b)**
- die klassische kapitalistische Wirtschaftsweise der freien Konkurrenz - **D, I = (u|b)**
- die sowjetsozialistische Wirtschaftsweise - **D, I = (b|u)**
- und schließlich nach Durchlaufen der gesamten Ellipse die globalgemeinschaftliche Wirtschaftsweise - **D, I = (u|u)**

Zwischen den Grundzuständen befinden sich jeweils Zwischenzustände, die die Übergänge vermitteln:

- zwischen Urgemeinschaft und Römischem Imperium ein Zustand mit **D, I = (h|u)** mit **h (u ⇒ b)**
- zwischen Rom und 1. industrieller Revolution ein Zustand mit **D, I = (h|b)** mit **h (b ⇒ u)**
- zwischen 1. industrieller Revolution und Sowjetimperium ein Zustand mit **D, I = (h|b)** mit **h (u ⇒ b)**
- zwischen Sowjetimperium und Globalgemeinschaft ein Zustand mit **D, I = (h|u)** mit **h (b ⇒ u)**

Diese Zwischenzustände füllen das aus den Grundzuständen gebildete Tragegerüst aus; in der Regel hält sich in den Zwischenzuständen die Mehrzahl der Wirtschaftsorganismen auf, und das für eine geschichtlich relativ lange Zeit.

Die Zwischenzustände verfügen über Merkmale der jeweils benachbarten Grundzustände.

Eine ganz besondere Mischung von Merkmalen tritt in den Parallelzuständen ***B´*** und ***D´*** auf, da dort definitionsgemäß für zahlreiche Wirtschaftsorganismen der direkte - aber beeinflußte - Übergang von einem Zwischenzustand in den nächsten Zwischenzustand erfolgt. Damit wird zwangsläufig der Einfluß von drei Grundzuständen wirksam. Da sich zahlenmäßig viele Wirtschaftsorganismen und das jeweils für eine lange Zeit an diesen Evolutionspunkten aufhalten, ist es zweckmäßig, dafür einen besonderen Parallelzustand zum jeweiligen Grundzustand zu definieren:

- am Evolutionspunkt ***B´*** eine so bezeichnete antike Misch - Wirtschaftsweise
- am Evolutionspunkt ***D´*** eine so bezeichnete regulierte Markt - Wirtschaftsweise

Dabei muß jedoch beachtet werden, daß diese beiden Wirtschaftsweisen definitionsgemäß weder einen Grundzustand noch einen Zwischenzustand des Modells repräsentieren, sondern aus Sicht des Modells nur unechte Zustände darstellen, die lediglich wegen Anzahl und Dauer der sich darin aufhaltenden Wirtschaftsorganismen dem Modell ergänzend hinzugefügt werden.

Die im Modell identifizierten Zustände, insbesondere die Zwischenzustände, können selbstverständlich nicht zwangsläufig und ohne Kommentar realen historischen Sachverhalten zugeordnet werden. Die Schlüssigkeit der Überlegungen wird zunächst nur aus dem Modell heraus sichtbar. Aus dem Modell ergibt sich eben, daß zwischen Urgemeinschaft und antiker Massensklaverei ein Zwischenzustand liegen muß, der etwas mit den beiden Nachbarzuständen gemeinsam hat, sich aber dennoch signifikant von ihnen unterscheidet. Diesem Zwischenzustand, der sich in einem weiten Sinne auf das Wirtschaftsphänomen Dorfgemeinde abstützt, werden real solche historischen Gesellschaften wie das alte Ägypten (Altes und Neues Reich), Mesopotamien (Sumer bis Babylon), die Stadtstaaten des Industals, das alte China, die mittel- und südamerikanischen Staaten der Azteken, Maya und Inka, ähnliche Staatengebilde in Afrika und Ozeanien sowie in Europa (beispielsweise die griechische Königszeit, Mykene usw.) zugeordnet. Nur ausnahmsweise - Griechenland - münden sie in die antike Massensklaverei; die Regel ist nach vielfältigen inneren und äußeren Wandlungen der Weg in den Feudalismus, wenn nicht, wie in Mittel- und Südamerika, die Evolution abrupt von außen abgebrochen worden ist.

Der Zwischenzustand der feudalistischen Wirtschaftsweise ist eher als andere Zwischenzustände der historischen Erfahrung und Beschreibung zugänglich; daher soll an dieser Stelle nicht weiter darauf eingegangen werden.

Daß auch nach der klassischen kapitalistischen Wirtschaftsweise der freien Konkurrenz ein erneuter Zwischenzustand folgen muß, ergibt sich eindeutig aus dem Modell. Historisch ist dieser Zustand etwa dem ausgehenden 19. Jahrhundert und der ersten Hälfte des 20. Jahrhunderts zuzuordnen.

Schließlich bleibt nach dem Modell der Zwischenzustand ausgangs des 20. Jahrhunderts und zu Beginn des 21. Jahrhunderts. Das ist die Wirtschaftsweise, die der gegenwärtig lebenden Generation vergönnt ist zu gestalten. Sie soll als demokratische Wirtschaftsweise gekennzeichnet werden. Damit wird zum Ausdruck gebracht, daß sich bisherige streng hierarchisch gegliederte Wirtschaftsverhältnisse auflösen und wesentlich flachere Strukturen an ihre Stelle treten. Sie ermöglichen dem einzelnen primären Wirtschaftssubjekt, besser als bisher an der wirtschaftlichen Entwicklung teilzunehmen, und zwar nicht nur als ausführender Befehlsempfänger, sondern als Mitgestalter, dem dann auch wichtige Teile seines persönlichen Einsatzes als Arbeitsergebnis zurückfließen. Die bisherigen strengen Unterschiede zwischen Arbeitnehmer und Unternehmer werden sich nach und nach auflösen. Die Verfügungsberechtigung über die Wirtschaftsobjekte verteilt sich auf breitere Schultern. Technisch ermöglicht wird eine solche Wirtschaftsweise durch die Fortschritte der Kommunikationstechnik, der Datenverarbeitung, der Automatisierung, der Biotechnologie, der Entwicklung neuer Materialien mit definierten Eigenschaften und der Entwicklung neuer produktiver Technologien. Ein unmittelbares Ergebnis der Entwicklung der Kommunikationstechnik sind Arbeitsplätze im häuslichen Umfeld sowie dezentral über große geografische Räume verteilte Arbeitsplätze, die es dennoch ermöglichen, äußerst effektiv an einem einheitlichen Projekt zu wirken.

Mit diesen wirtschaftlichen Veränderungen werden auch grundsätzliche soziale Veränderungen eintreten, die das Zusammenleben der Menschen zu einer neuen historischen Qualität führen. Das häusliche Umfeld wird der neue wesentliche Lebensmittelpunkt werden. Der noch heute bestehende Gegensatz zwischen beruflichem/geschäftlichem und häuslichem/privatem Bereich wird nach und nach verschwinden. Leben, Wohnen, Arbeit, Freizeit und Kultur werden eine neue Symbiose eingehen.

A1-3 Wirtschaftsweise als definierter historischer Zustand der Wirtschaftskraft

Bisher wurden aus der Kategorie „Wirtschaftskraft" als zeitlich aufwärts gerichtete Größe die „wirtschaftliche Produktivkraft" und als horizontale, in sich geschlossene Bewegung die „Wirtschaftsverhältnisse" herausgefiltert.
Die wirtschaftliche Produktivkraft wächst kontinuierlich an und durchläuft dabei nacheinander verschiedene Entwicklungsstufen.
Die Wirtschaftsverhältnisse vollführen eine in sich geschlossene horizontale Bewegung, wobei sie durch einen definierten Wechsel in den direkten und indirekten Bindungen, denen die primären Wirtschaftssubjekte unterliegen, unterschiedliche Zustände in einer gesetzmäßigen Reihenfolge durchlaufen.

Aus der Überlagerung der Aufwärtsentwicklung der wirtschaftlichen Produktivkraft und der in sich geschlossenen horizontalen Entwicklung der Wirtschaftsverhältnisse entsteht die tatsächliche wirtschaftliche Evolution.
Das ist in der Abb. A1.7 wiedergegeben.

Zwischen den Entwicklungsstufen der wirtschaftlichen Produktivkraft und den Zuständen der Wirtschaftsverhältnisse gibt es offensichtlich eine zeitliche Synchronität und einen Sachbezug. Das kommt auch in der Abb. A1.7 zum Ausdruck.
Jeder solche Zustand, der durch die Entwicklungsstufe der wirtschaftlichen Produktivkraft und durch den Zustand der Wirtschaftsverhältnisse eindeutig bestimmt ist, stellt eine eigene **Wirtschaftsweise** dar. Der so definierte Zustand, das heißt

die so definierte Wirtschaftsweise ist damit ein ausgewiesener Entwicklungszustand der Wirtschaftskraft im Rahmen der universalen wirtschaftlichen Evolution. In dieser Kombination ist die reine in sich geschlossene Bewegung, das „Sich-Drehen in einem Kreis“, bei dem sich immer dieselben Wirtschaftsverhältnisse in einem bestimmten Rhythmus abwechseln, durchbrochen. Aus einer immer gleichen Pendelbewegung wird Entwicklung.

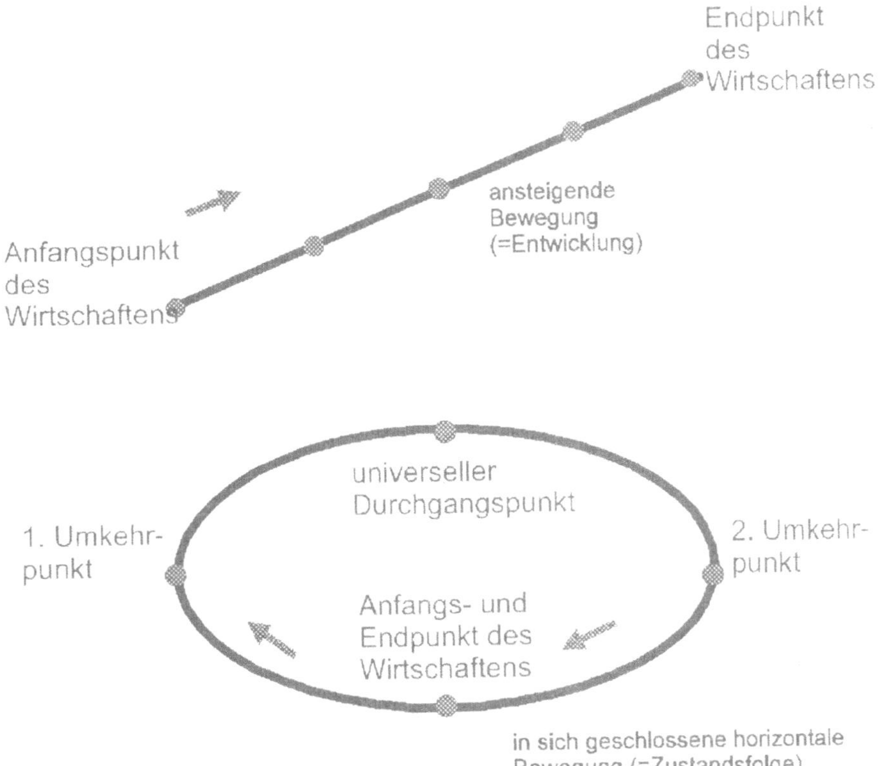

Abb. A1.7: Überlagerung einer in sich geschlossenen Bewegung und einer offenen, einseitig nach oben gerichteten Bewegung

Die Überlagerung der beiden Bewegungsformen des Systems - der Aufwärtsbewegung und der horizontalen, in sich geschlossenen Bewegung - ergibt geometrisch eine Spiralumdrehung im dreidimensionalen Raum.
Das ist in der Abb. A1.8 wiedergegeben.

Die ausgezeichneten Punkte dieser räumlichen Spirale sind die bekannten historischen bzw. künftigen Wirtschaftsweisen

Urgemeinschaft
Römisches Imperium
Kapitalismus der freien Konkurrenz
Sowjetimperium
Globalgemeinschaft (Weltwirtschaft)

Sie stellen gewissermaßen das tragende Gerüst der universalen wirtschaftlichen Evolution dar. Innerhalb des durch diese Festpunkte definierten räumlichen Gebildes bewegen sich die Wirtschaftsorganismen auf ebenfalls definierten Bahnen. Als Füllung in dieses Gerüst eingebaut sind dann die jeweiligen Zwischen-Wirtschaftsweisen und die „unechten" Wirtschaftsweisen, mit denen jeweils Römisches Imperium und Sowjetimperium historisch umgangen werden.

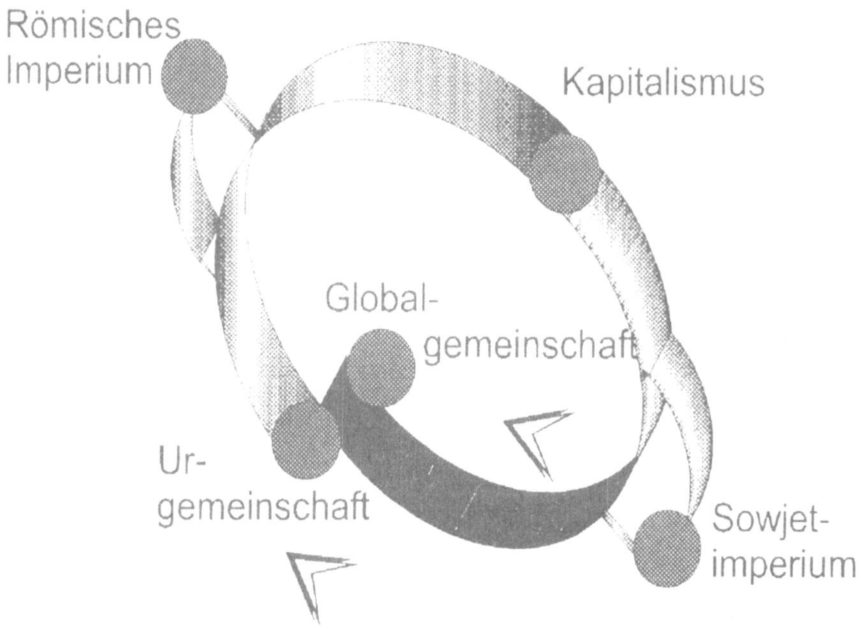

Abb. A1.8: Eine Spiralumdrehung im Raum: das tragende Gerüst der wirtschaftlichen Evolution

Auf eine Besonderheit muß noch verwiesen werden. Die Zustände, die die Bewegung der Wirtschaftsverhältnisse charakterisieren, sind von unterschiedlicher Qualität. Wie bereits ausgeführt, gibt es Grundzustände und Zwischenzustände. Zwischenzustände setzen in manchem die Institutionen des vorangegangenen Grundzustands fort, bereiten jedoch andererseits einen neuen Grundzustand vor.
Auf die Aufwärtsentwicklung der wirtschaftlichen Produktivkraft übertragen, kann dieser Sachverhalt durch ein Paar von S-Kurven, durch eine Doppel-S-Kurve, wiedergegeben werden, wie sie in der Abb. A1.9 dargestellt ist.

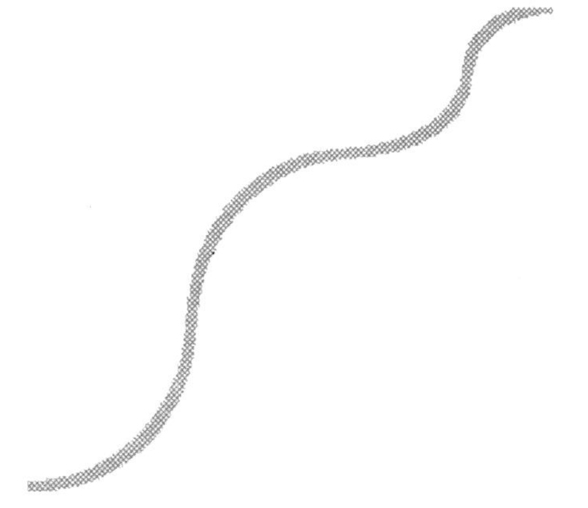

Abb. A1.9: Doppel-S-Kurve

Es gibt so viele Doppel-S-Kurven in der wirtschaftlichen Evolution, wie es eigenständige Grundzustände gibt; das heißt vier (s. Abb. A1.7).

Was die Indikation der Wirtschaftskraft durch die Energie angeht, so gibt es so viele charakteristische Energien, wie es Grundzustände der wirtschaftlichen Evolution gibt; das heißt, es sind ebenfalls vier. Jede charakteristische Energie ist damit für einen Grundzustand und den nachfolgenden Zwischenzustand „zuständig". Der charakteristische spezifische Energieverbrauchswert ist bisher lediglich für den Grundzustand ermittelt worden. Es sollte jedoch durchaus möglich sein, einen solchen Verbrauchswert auch für einen Zwischenzustand zu identifizieren.

In der zahlenmäßigen Begrenzung der Grundzustände der wirtschaftlichen Evolution, die ihre Ursache in der in sich geschlossenen Horizontalbewegung der Wirtschaftsverhältnisse findet, liegt der Grund, daß die in diesem Buch identifizierte Folge von charakteristischen Energien beim Wasserstoff und der exponentielle Anstieg des charakteristischen spezifischen Energieverbrauchs bei 128 000 kWh jährlich enden.

Der Eintritt in einen Zwischenzustand ist jeweils wieder mit einem beschleunigten Anstieg der wirtschaftlichen Produktivkraft verknüpft, daher eben auch eine neue S-Kurve.

Die „Wellenbewegung", die durch die Aufeinanderfolge von S-Kurven in der wirtschaftlichen Evolution entsteht, erinnert an die Wellen langfristiger wirtschaftlicher Entwicklung, wie sie durch die Kondratjewzyklen wiedergegeben werden. In der Tat könnten die Kondratjewzyklen in einer weiten Zeitspanne um den Entwicklungspunkt ***D***, das heißt beginnend mit dem Entwicklungspunkt ***C*** und endend mit dem Entwicklungspunkt ***E***, in den S-Kurven, die mit den Grund- und Zwischenzuständen der wirtschaftlichen Evolution verknüpft sind, ihre logische Erklärung finden. In dieser Zeitspanne könnten die Zeitkonstanten, die bei den Kondratjewzyklen gefunden wurden (beispielsweise 55 ± x Jahre) - trotz globaler historischer Entwicklungsbeschleunigung - annähernd in gleicher Größe liegen. Als solche Perioden bieten sich beispielsweise an: ca. 1800 bis 1870; 1870 bis 1930; 1930 bis 1990; 1990 bis 2050; 2050 bis ca. 2120.

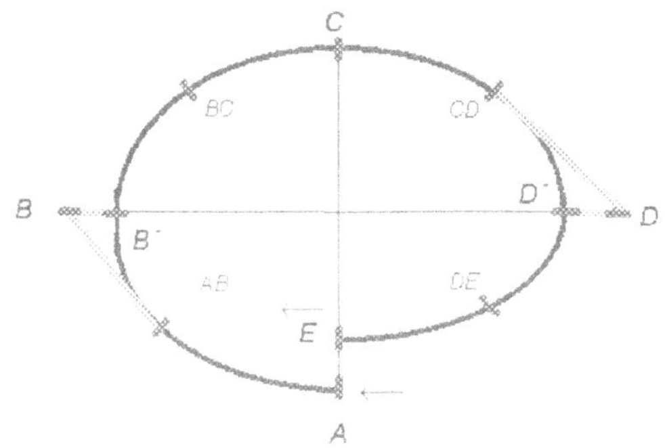

Abb. A1.10: Vollständige schematisierte Entwicklungsspirale

Die Abb. A1.10 zeigt noch einmal schematisch die spiralig gewundene Linie der wirtschaftlichen Evolution in einem Raum, der von den direkten und indirekten Wirtschaftsverhältnissen und von der wirtschaftlichen Produktivkraft gebildet wird. Die Kurve selbst stellt das Wirtschaften als bestimmte Form sozialer Auseinandersetzung mit der Natur und mit der gesellschaftlichen Entwicklung dar. Jeder Punkt auf der Kurve repräsentiert nach Qualität und Quantität eine ganz bestimmte historische Wirtschaftskraft. Das Wirtschaften durchläuft im Verlauf der Evolution verschiedene Zustände, die die Wirtschaftsorganismen einnehmen, und gewinnt mit wachsender Produktivkraft an Dynamik. Durch diesen permanenten Entwicklungsprozeß verändert sich das Wirtschaften auch selbst.

A1-4 Die demokratische Wirtschaftsweise

Nach dem Zusammenbruch des sowjetsozialistischen Wirtschaftssystems am Ausgang des 20. Jahrhunderts befinden sich die führenden Wirtschaftsorganismen der Welt in der Sättigungsphase der „unechten“ Wirtschaftsweise am Evolutionspunkt ***D*** bzw. ***D´***. Diese sogenannte regulierte Marktwirtschaft von heute ist der fruchtbare Schmelztiegel der Zukunft. Eine neue Wirtschaftsweise, im Evolutionspunkt ***CD*** als einem Zwischenzustand, bereitet sich vor. Sie ist mit demokratischer Wirtschaftsweise bezeichnet und im Abschnitt A1-2.4 kurz erläutert worden. Das soeben konstruierte Evolutionsmodell läßt sich nutzen, die systemimmanenten Merkmale dieser Wirtschaftsweise, die sich aus ihrer Stellung im Modell ableiten lassen, zusammenzustellen.

Es handelt sich um einen Zwischenzustand. Die ihn ausfüllende Wirtschaftsweise liegt damit zwischen historisch davor und historisch danach plazierten Wirtschaftsweisen, das heißt zwischen den Wirtschaftsweisen in den Evolutionspunkten ***CD, D, D´*** und ***E.*** Damit hat diese Wirtschaftsweise Merkmale, die mit den Merkmalen in den genannten benachbarten Wirtschaftsweisen verwandt sind.

Im Evolutionsmodell nimmt diese Wirtschaftsweise die analoge Stellung ein wie die feudalistische Wirtschaftsweise. Daraus ist der Schluß zu ziehen, daß letztlich auch die demokratische Wirtschaftsweise nicht nur aus einem bunten Konglomerat

verschiedener Wirtschaftsweisen besteht, sondern ein eigenes unverwechselbares Gepräge haben wird.
Die direkten Wirtschaftsverhältnisse sind durch Halbbindung h gekennzeichnet; die Entwicklungsrichtung verläuft von Bindung b nach Unbindung u. Das bedeutet Entwicklungsbeschleunigung. Die Wirtschaftsverhältnisse sind so geartet, daß wirtschaftliche Produktivkraft freigesetzt wird. Die produktive Folge Produktion, Distribution, Konsumtion ist für das einzelne primäre Wirtschaftssubjekt nicht unterbrochen, sondern wird schrittweise besser wirksam.
Die indirekten Wirtschaftsverhältnisse sind durch Unbindung u gekennzeichnet. Das bedeutet Mitwirkung und Mitgestaltung durch die primären Wirtschaftssubjekte. Große Teile der primären Wirtschaftssubjekte haben Verfügungsberechtigung über die Wirtschaftsobjekte, mit denen sie im Wirtschaftsprozeß umgehen.

Der Entwicklungsstand der wirtschaftlichen Produktivkraft ist dadurch gekennzeichnet, daß nunmehr die zweite S-Kurve der für den Evolutionspunkt *D/D′* charakteristischen Doppel-S-Kurve beginnt. Das bedeutet im wesentlichen zunächst extensive, später intensive Ausschöpfung eines bereits bekannten, allerdings erst in sehr geringem Umfang genutzten Wirtschaftspotentials (Technologien, Verfahren, Produkte, Leistungen), dessen Grundlage in der aktuellen Stagnationsphase gelegt worden ist. Dabei wird davon ausgegangen, daß die aktuelle wirtschaftliche Stagnationsphase, die große Teile der Welt erfaßt hat, keine gewöhnliche zyklische Krise darstellt, sondern einen wirtschaftlichen Strukturwandel epochalen und globalen Ausmaßes ankündigt.
Bezüglich der Verteilungsenergie dominiert weiter die für den Evolutionspunkt ***D/D′*** charakteristische Energie, die Elektrizität, in gewohnter Verbindung mit den anderen bekannten Verteilungsenergieträgern. Die mittlerweile etwas in die Jahre gekommene Elektrizität erlebt damit ihren zweiten Frühling. Neue Wirtschaftsverhältnisse bewirken eine neue Entfaltung der Elektrizität.
Während des Zustands ***DE*** beginnt eine neue Verteilungsenergie ihre embryonale Phase, möglicherweise Wasserstoff.

Die Größe des Wirtschaftsraums, den einzelne führende Wirtschaftsorganismen einnehmen, wächst weiter. Die demokratische Wirtschaftsweise ist wichtige Etappe zu einer einheitlichen Weltwirtschaft, wie sie für den letzten wirtschaftlichen Evolutionspunkt ***E*** charakteristisch sein wird.

Soweit einige charakteristische Kennzeichen der demokratischen Wirtschaftsweise. Was ihren Aufbau und ihre Entwicklung anbelangt, so unterscheidet sie sich von allen bisherigen menschlichen Wirtschaftsweisen dadurch, daß sie durch die handelnden Wirtschaftssubjekte bewußt und aktiv, wenn natürlich auch nicht willkürlich, gestaltet werden kann.

Anhang 2

Die logistische Kurve

Hier sollen nur einige einfache Beziehungen für eine logistische Kurve (S-Kurve) angegeben werden. Zu weitergehenden Ausführungen empfiehlt sich die einschlägige mathematische bzw. statistische Literatur.
Die logistische Kurve (Sättigungskurve) hat das folgende grundsätzliche Aussehen:

$$y = \frac{a}{1 + be^{-ct}} \qquad (1)$$

a, b und c sind Konstanten. Dabei ist a der Sättigungswert von y, der sich für $t \to \infty$ einstellt.
Handelt es sich um eine logistische Funktion mit Zentralsymmetrie, dann ist der Wendepunkt beim Ordinatenwert a/2. Die Zeit t_W, die bis dahin vergangen ist, ergibt sich nach

$$t_W = \frac{\ln b}{c}$$

Zu dieser Sättigungskurve (1) gehört die folgende Zuwachskurve:

$$\varphi = dy/dt = \frac{abc\, e^{-ct}}{(1 + b\, e^{-ct})^2} \qquad (2)$$

Interessant für die Darstellung von Entwicklungsprozessen ist die normierte Form der Kurve (1):

$$y/a = y^* = \frac{1}{1 + be^{-ct}} \qquad (3)$$

Dabei gibt y/a den erreichten Sättigungsgrad an (er hat für y = a den normierten Wert „1“).
Verwendet man die normierte Darstellung, dann ist also die Sättigung immer „1“, das heißt, man muß für das untersuchte Entwicklungsproblem den absoluten Sättigungswert zusätzlich ausdrücken.
Häufig findet man in Darstellungen die Ordinate in der Form

$$\frac{f}{1 - f} \quad \text{mit } f = y/a \tag{4}$$

Wenn f der Sättigungsgrad ist, ist 1 - f gerade der noch fehlende Abstand zur Sättigung, das heißt der noch verfügbare Anteil.
Logarithmiert man die nach (4) aufgelöste normierte Gleichung (3), erhält man in halblogarithmischer Darstellung eine Gerade, an der man leicht charakteristische Werte ablesen und die man auch zur Parameterschätzung nutzen kann.

Bezüglich der Parameterschätzung aus statistischen Zahlenreihen, für die es mehrere gängige Verfahren gibt, tritt jedoch immer das Problem auf, daß man eigentlich wissen muß, daß es sich tatsächlich um einen Sättigungsprozeß handelt, und man sollte den Sättigungswert (a) bereits außerhalb der zu untersuchenden statistischen Reihe bestimmen können.
Dieser Sachverhalt ist selbstverständlich keineswegs immer gegeben.

Am „einsichtigsten" kann man die Parameterschätzung in einem sogenannten Wachstumsnetz vornehmen. Dahinter verbirgt sich nichts anderes als die Darstellung auf halblogarithmischem Papier, auf dem man die Kurvenparameter an einer Geraden abliest. Dazu logarithmiert man zuvor die normierte logistische Kurve.

Üblich ist auch die 2-Punkt-Methode (wenn auch bei einer solchen gekrümmten Kurve wie der S-Kurve nicht unproblematisch). Zwei Wertepaare $(y_1^*; t_1)$ und $(y_2^*; t_2)$ seien gegeben. Dann kann man durch Logarithmierung der normierten Gleichung (3) jeweils zwei Bestimmungsgleichungen für c und ln b erhalten:

$$c = \frac{1}{t_1 - t_2} [\ln (1/y_2^* - 1) - \ln (1/y_1^* - 1)] \tag{5}$$

$$\ln b = \ln (1/y_2^* - 1) + a(t_2 - t_0) \tag{6}$$

Der Zeitpunkt t_0 steht für den Beginn des betrachteten Sättigungsprozesses, was dem Anfang der S-Kurve, das heißt dem Ausgangsplateau, entspricht.

Besser ist die 3-Punktmethode, bei der praktisch alle Werte des empirischen Punktefeldes berücksichtigt werden. Dazu wird die Zeitreihe mit n vorliegenden Werten in drei Intervalle aufgeteilt (n/3 = m), und es wird der Durchschnitt der Ordinatenwerte in jeder Periode (das heißt Teilsumme, geteilt durch m) gesondert berechnet. Aus diesen drei (nunmehr bekannten) Durchschnittswerten lassen sich mit drei Bestimmungsgleichungen die unbekannten Kurvenparameter a, b und c berechnen.

Schließlich kann die Methode der kleinsten Quadratsumme zur Parameterschätzung eingesetzt werden, die sich ebenfalls auf alle Werte einer empirischen Zeitreihe stützt.

Da der Sättigungswert mathematisch erst nach unendlich langer Zeit eintritt, muß man sich darauf verständigen, ab welchem Ordinatenwert man definitionsgemäß den Sättigungszustand als erreicht ansieht. Üblich ist der 90 %-Wert, das heißt, man spricht ab f = 0,90 von Sättigung.
Oder man verständigt sich auf den oberen Punkt maximaler Krümmung der S-Kurve.
Die Krümmung errechnet sich für eine in kartesischen Koordinaten in expliziter Form vorliegende Kurve nach

$$K = \frac{d^2y/dx^2}{[1 + (dy/dx)^2]^{3/2}} \qquad (7)$$

Als Beispielrechnung mit einer S-Kurve sei die Entwicklung des spezifischen charakteristischen Energieverbrauchs nach dem „Wende“jahr 1990 untersucht. Das Jahr 1990 hat vereinbarungsgemäß einen Ordinatenwert, der etwa 90 % des erwarteten Sättigungswertes beträgt. Diesem 90 %-Wert entspricht dann die bekannte Zahl von 32000 kWh für den charakteristischen spezifischen Energieverbrauch. Der 100 %-Wert beträgt dann 32000/0,9 = 35555 kWh. Er wird für das Jahr 2000 angenommen.
Danach ist t_0 = 2000 (Beginn der Betrachtung). Die zugehörige normierte Ordinate ist $y_0^* = 0$. Dieser Wert stellt das relative Ausgangsplateau dar.
Legt man eine Sättigungskurve mit Zentralsymmetrie zugrunde, dann können die für die 2 Punkt-Methode erforderlichen zwei Wertepaare leicht angegeben werden; gewählt wird der Wendepunkt und der Punkt , an dem 90 % des Ordinaten-Sättigungswertes erreicht sind:

t_1 = 2025 mit $y_1^* = 0{,}5$
Der Wendepunkt ist durch den halben Maxinalwert der Ordinate charakterisiert.
Was die Jahreszahl 2025 angeht, so liegt ihr folgende Überlegung zugrunde. Die gesamte Zeit vom Grundzustand ***D*** (1990) bis zum ausgereiften Zwischenzustand ***DE*** entsprechend Anhang 1 beträgt voraussichtlich etwa 60 Jahre, davon nimmt die ersten zehn Jahre die Ausbildung des vollen Sättigungszustands ***D*** ein. 2050 ist dann der nächste voll ausgebildete Sättigungszustand erreicht, der 90-%-Grenzwert zehn Jahre früher, das heißt 2040. Der Wendepunkt liegt in der halben Zeit, also bei 25 Jahren, das heißt im Jahr 2025.

t_2 = 2040 mit $y_2^* = 0{,}9$
Nach 40 Jahren, beginnend ab 2000, sollen erwartungsgemäß 90 % des Sättigungswertes erreicht sein.

Mit den Gleichungen (5) und (6) errechnen sich daraus:

$c = 1/\text{-}15\ [\ln(1/0{,}9 - 1) - \ln(1/0{,}5 - 1)] = -2{,}19722/\text{-}15 = 0{,}14648$
und
$\ln b = \ln(1/0{,}9 - 1) + 0{,}14648 \cdot 40 = 3{,}66197$

$b = e^{3{,}66197} = 38{,}938$

Daraus ergibt sich die gesuchte normierte Sättigungskurve nach (3) zu

$$y = \frac{1}{1 + 38{,}938\ e^{-0{,}14648\,t}}$$

Daraus wiederum läßt sich eine Wertetabelle für verschiedene Zeiten zwischen 2000 und 2040 zusammenstellen:

t	y_t^*	$y_t^*/1 - y_t^*$	y_t [kWh]
0 (= 2000)	0	0	35555
5 (= 2005)	0,05071	0,05342	36637
10 (= 2010)	0,10000	0,11111	37688
15 (= 2015)	0,18774	0,23113	40486
20 (= 2020)	0,32467	0,48076	42481
25 (= 2025)	0,5	1	46222
30 (= 2030)	0,67534	2,08015	49962
35 (= 2035)	0,81227	4,32680	52883
40 (= 2040)	0,9	9	54755

Die in der letzten Spalte ausgewiesenen Absolutwerte des charakteristischen spezifischen Energieverbrauchs kommen folgendermaßen zustande:
Es ist bekannt, daß der charakteristische spezifische Energieverbrauch am Entwicklungspunkt ***D*** als 90 %-Wert 32000 kWh (im Jahr 1990) beträgt. 100 %-Wert ist dann 35555 kWh (im Jahr 2000). Diese Zahlen wurden außerhalb der jetzt untersuchten Sättigungskurve gewonnen. Danach ist weiter bekannt, daß der charakteristische spezifische Energieverbrauch bis zum nächsten Grundzustand ***E*** auf das Vierfache ansteigen wird. Entsprechend Abschnitt 7.6 wird dieser Faktor wie folgt aufgeteilt: $4 = 1{,}6 \cdot 2{,}5$.
Das heißt, es wird nun der 100-%-Wert im Jahr 2000 (Zustand ***D*** mit dem ersten Teilfaktor 1,6 multipliziert. Das Ergebnis ist der 100-%-Wert im Jahr 2050 (Zustand ***DE***):

$$35555 \cdot 1{,}6 = 56888$$

Auf diesen Wert werden nunmehr die normierten relativen Anteile der 2. Spalte multipliziert. Das Ergebnis ist die Wertereihe in der 4. Spalte.
Schließlich sind in der dritten Spalte die Werte entsprechend der Beziehung (4) angegeben.

Schließlich sind in der dritten Spalte die Werte entsprechend der Beziehung (4) angegeben.

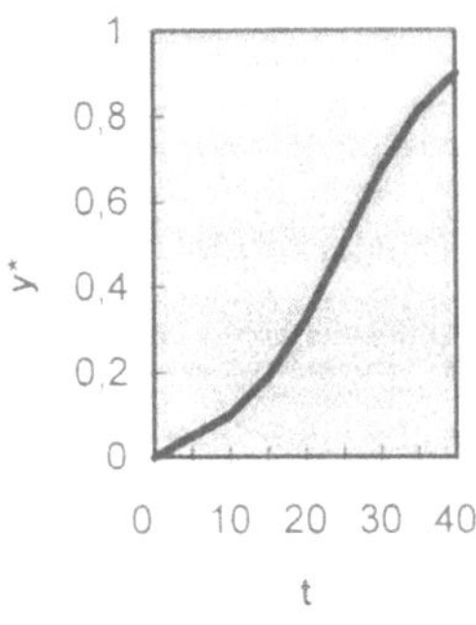

Abb. A2.1: Sättigungskurve

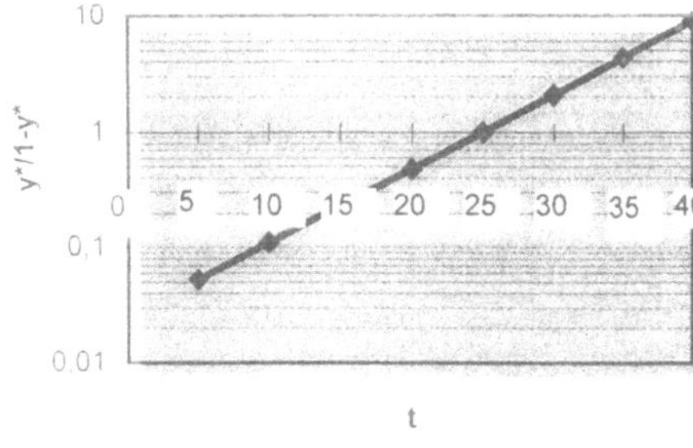

Abb. A2.2: Normierte Sättigungskurve in halblogarithmischer Darstellung

In den beiden Abbildungen ist die Wertetabelle bildlich dargestellt.

Anhang 3

Grundlegende Eigenschaften des Wasserstoffs

Wasserstoff wurde im Jahr 1766 von Lord Henry Cavendish entdeckt.
Er ist das leichteste Element des Periodensystems (nur etwa 0,07mal so „schwer" wie Luft). Wasserstoff ist unter Normalbedingungen (diese sind definiert als Temperatur 273,15 K = 0 °C und Druck 1013 hPa) ein farbloses, geruchloses und geschmackloses Gas. Es ist ungiftig, das heißt, es kann eingeatmet werden.
Wasserstoff hat ein hohes Wärmeleitvermögen; er fühlt sich daher bei Zimmertemperatur kalt an.
Er hat ein hohes Diffusionsvermögen. Wasserstoffansammlungen verflüchtigen sich sehr schnell.
Er hat eine niedrige Gasdichte.
Wasserstoff läßt sich nur mit relativ hohem Aufwand verflüssigen.
Er ist in Wasser nur wenig löslich. 100 l Wasser nehmen unter Normalbedingungen nur 1,8 l Wasserstoff auf.
Bei normaler Temperatur ist Wasserstoff reaktionsträge. Er ist jedoch in weiten Konzentrationsgrenzen in Luft zündfähig und besitzt auch eine hohe obere Detonationsgrenze.
Wasserstoff hat eine niedrige Zündenergie und eine hohe Flammgeschwindigkeit.
Er verbrennt mit schwachblauer, heißer Flamme zu Wasser.
Zur Verbrennung von 1 kg Wasserstoffgas werden mindestens 7937 kg Sauerstoff bzw. 34300 kg Luft benötigt.

Materialeigenschaften von Wasserstoff

Relative Atommasse	1,0080
Natürliches Isotopengemisch:	
Protium /%/	99,985
Deuterium /%/	0,015
Molare Masse /kg/kmol/	2,0156
chemische Wertigkeit	+1 (unter bestimmten Bedingungen auch 0; -1)
Schmelztemperatur unter normalem Druck /K (°C)/	13,9 (-259,3)
Siedetemperatur unter normalem Druck /K (°C)/	20,4 (-252,8)
Dichte unter Normalbedingungen /kg/m³/	0,08987
Spezifisches Volumen unter Normalbedingungen /m³/kg/	4121,735
Diffusionskoeffizient (Ausbreitung in Luft) /cm²/s/	0,61

Kritische Temperatur /K (°C)/	33,25 (-239,9)
Kritischer Druck /10^{-6} N/m²/	1,2945
Kritische Dichte /kg/m³/	31,36

1 l Wasserstoff hat unter Normalbedingungen eine Masse von 0,09 g. 1 g nimmt danach ein Volumen von 11,11 l ein.
Wasserstoff ist besonders schwer zu verflüssigen, weil seine kritische Temperatur so außerordentlich niedrig liegt.

Spezielle Gaskonstante /J/kg K/	4121,735
Spezifische Wärme c_p unter Normaldruck /kJ/kg K/	14,1949 bei 0 °C
	15,5175 bei 1000 °C
	17,3809 bei 2000 °C
$\kappa = c_p/c_v$ unter Normalbedingungen	1,41
Schmelzenthalpie unter Normaldruck /kJ/kg/	58,614
Verdampfungsenthalpie unter Normaldruck /kJ/kg/	460,548

Brennwert H_o (Wasser liegt flüssig vor) /kJ/kg/	141890
~ unter Normbedingungen /kJ/m³/	12770
Heizwert H_u (Wasser liegt dampfförmig vor) /kJ/kg/	119617
~ unter Normbedingungen /kJ/m³/	10800
Zündgrenzen in Luft /Vol. %/	4,1 - 75
Detonationsgrenzen in Luft /Vol. %/	18 - 59
Zündtemperatur /K (°C)//	858 (585)
Zündenergie /µJ/	20
Flammtemperatur /K/	2400
Flammgeschwindigkeit /m/s/	2,75

Einige Eigenschaften von Flüssig-Wasserstoff

Dichte bei -252 °C /kg/m³/	70,9
Massenspezifischer Energieinhalt /10³ kJ/kg/	121
Volumenspezifischer Energieinhalt /10^6 kJ/m³/	8,4

Die Dichte des Flüssigwasserstoffs ist sehr gering.
Der massenspezifische Energieinhalt ist sehr hoch, höher als vergleichbare flüssige Energieträger wie Flüssig-Methan, Benzin oder Methanol. Umgekehrt ist der volumenspezifische Energieinhalt niedriger als der der vergleichbaren flüssigen Energieträger. Wo es also auf niedrige Masse ankommt, wie in der Luft- und Raumfahrt, ist flüssiger Wasserstoff schon heute interessant und wird auch teilweise genutzt.

Einige Eigenschaften von Methanol

Relative Molekülmasse	32,04
Massenspezifischer Energieinhalt /10^3 kJ/kg/	20
Volumenspezifischer Energieinhalt /10^6 kJ/m^3/	16,0
Dichte (bei 25 °C) /kg/m^3/	787
Schmelztemperatur /K (°C)/	175,2 (-98)
Siedetemperatur /K (°C)/	337,7 (64,5)
Zündgrenzen in Luft /Vol. %/	6,0 - 36,5

Methanol ist eine farblose, brennfähige Flüssigkeit. Es hat einen brennenden Geschmack.

Flüssigkeit und Dämpfe sind giftig (Sehstörungen bis Atemstillstand).
Methanol ist mit Wasser beliebig mischbar und löst viele Mineralsalze.
Es verbrennt mit bläulicher Flamme zu Kohlendioxid und Wasser.
Der spezifische Energieinhalt von Methanol ist geringer als der einiger vergleichbarer flüssiger Energieträger. Vorteilhaft ist jedoch der einfache und erprobte Umgang mit Methanol.

Wasserstoff ist speicherbar: flüssig, gasförmig, als Metallhydrid, an Grafit oder als chemische Verbindung (zum Beispiel als Methanol oder in Verbindung mit Toluol).
Er ist transportierbar, und er ist portionierbar.
Zahlreiche Metalle nehmen Wasserstoff in fester Lösung auf (Besetzung von Zwischengitterplätzen):

1 Volumenteil Gold nimmt	46 Volumenteile Wasserstoffgas auf
1 Volumenteil Platin nimmt	50 Volumenteile Wasserstoffgas auf
1 Volumenteil Palladium nimmt	500.900 Volumenteile Wasserstoffgas auf

Wasserstoff ist unter Normalbedingungen ein Gas. Für ein brennbares Gas liegen langjährige technische Erfahrungen und technisch erprobte Geräte vor.
Untergrundgasspeicherungen in großen Dimensionen wurden für Stadtgas, das etwa zur Hälfte aus Wasserstoff besteht, praktisch erprobt.

Wenn also künftig der Wasserstoff verstärkt in der Wirtschaft Einzug hielte, müßte mit seinem Umgang kein völliges technisches Neuland betreten werden, sondern es könnte zu einem erheblichen Teil auf Erfahrenes und Erprobtes zurückgegriffen werden.

Literatur

/1/ Barret, J.: Treibhaus-Kontroverse und Ozonproblem. Tübingen: Europäische Akademie für Umweltfragen 1996.

/2/ Bebel, A.: Die Frau und der Sozialismus. Bonn: Verlag J.H.W.Dietz Nachf. 1994, S. 382.

/3/ Bild der Wissenschaft. (1997) 9, S. 42.

/4/ Brune, W.: Qualitative und quantitative Untersuchungen zur historischen Folge von Gebrauchsenergieträgern als einem wesentlichen Element der gesellschaftlichen Produktivkräfte. Wissenschaftliche Berichte der Technischen Hochschule Zittau 1092, Vortrag Nr. VII/1/6, 1989.

/5/ Brune, W.: Wasserstoff und die Energieversorgung von übermorgen. ENERGIE-DIALOG (1994) 3, S. 34-35.

/6/ Deutsches Atomforum e.V.: Zahlen & Fakten zur Kernenergie. Inforum Verlags- und Verwaltungsgesellschaft mbH. Bonn 1995, S. 11.

/7/ Deutsches Nationales Komitee des Weltenergierates: Energie für Deutschland. Fakten, Perspektiven und Positionen im globalen Kontext. Düsseldorf 1997, S. 25.

/8/ Die Vision von einem weltumspannenden Stromversorgungsnetz. „Die Welt“ vom 22.7.1997.

/9/ Energy in a finite world. Report by the Energy Systems Program Group of the International Institute for Applied Systems Analysis. Laxenburg 1981, Report 4.

/10/ Glatzel, W.-D.: Konzepte und Gedanken zum nachhaltigen Energieeinsatz. Vortrag zur 7. Sitzung des VIK-Ausschusses „Grundsatzfragen und Zukunftskonzepte“ bei der NOELL KRC, Freiberg, am 02./03.06.1997. Essen 1997.

/11/ Grawe, J.: Faktor vier - die Lösung? Elektrizitätswirtschaft 95 (1996) 12, S. 816-820.

/12/ Hauff, V.: Perspektiven internationaler Umweltpolitik. In: Hauff, Kaminski: Umweltpolitik international, Lösungen regional. Bundesverband Energie Umwelt Feuerungen. Reutlingen 1986.

/13/ Hohlefelder, W.: Ökologische Steuerreform. Zwischen wirtschaftlichen Risiken und politischer Anziehungskraft. Trend, Zeitschrift für soziale Marktwirtschaft (1997) 71, S. 50-59.

/14/ Hubbert, M.: Energy Resources. A Report to the Committee on Natural Resources. NAS. Washington, D.C. 1975.

/15/ Köcher, R.: Emotionen als Standortfaktor. VIK-Mitteilungen (1997) 1, S. 2 - 5.

/16/ Korff, W.: Die Energiefrage. Entdeckung ihrer ethischen Dimension. Trier: Paulinus-Verlag 1992.

/17/ Krämer, H.: Elektrizitätswirtschaft: Immer noch Wegbereiter des Fortschritts? in /29/, S. 123.

/18/ Langfristige Aspekte der Energieversorgung. Folgerungen und Kriterien für die Energiepolitik heute. Forum für Zukunftsenergien e.V. Bonn 1997.

/19/ Lenin, W.I.: Rede auf dem VIII. Gesamtrussischen Sowjetkongreß. Werke, Band 21. Berlin: Dietz Verlag, S. 492-515.

/20/ Marchetti, C.: Die Energie-Insel. In /31/, S. 391.

/21/ Marchetti, C.: Von der Ursuppe zur Weltregierung (Ein Essay über komparitive Evolution). In: /31/, S. 515.

/22/ Marchetti, G.: Die magische Entwicklungskurve. Bild der Wissenschaft (1982) 10, S. 115-128.

/23/ Marchetti, C.: Lebenszyklen und Energiesysteme. Ein Ansatz zur Lösung des CO_2-Problems unter Berücksichtigung zyklischer Entwicklungen. Energiewirtschaftliche Tagesfragen 39 (1989) 1/2.

/24/ Meillassoux, C.: Anthropologie der Sklaverei. Frankfurt a.M: Campus Verlag GmbH 1989.

/25/ Michaelowa, A.: Aufforstung und Walderhaltung als Instrument der Klimapolitik. Eine Literaturstudie. Hamburg: HWWA-Institut für Wirtschaftsforschung 1997.

/26/ Nisbet, E. G.: Globale Umweltveränderungen. Ursachen, Folgen, Handlungsmöglichkeiten. Klima, Energie, Politik. Heidelberg, Berlin, Oxford: Spektrum Akademischer Verlag 1994.

/27/ Politische Ökonomie, Band 4. Berlin: Dietz Verlag 1974, S. 199.

/28/ Schade, D.: Ressourcen - was ist das überhaupt? Bild der Wissenschaft (1997) 6.

/29/ Schmitt, D., Heck, H. (Hrsg.): Handbuch Energie. Pfullingen: Verlag Günter Neske 1990.

/30/ Seifritz, W.: Die Wasserstoffwirtschaft - eine langfristige Antwort auf das Energieproblem? Würenlingen: Eidg. Institut für Reaktorforschung 1974 [Sonderdruck aus: Chimia 28, No. 7, 1974, S. 323-340].

/31/ Strnadt, K., Porias, H. (Hrsg.): Großtechnische Energienutzung und menschlicher Lebensraum. Wien: Technische Universität, IIASA 1977.

/32/ The Timetables of Technology. Byron Preiss Multimedia Company, Inc. (1996) - CD-ROM.

/33/ Vereinigung Deutscher Elektrizitätswerke - VDEW - e.V.: Elektrizität 1996. Die deutsche Stromversorgung im Überblick. Frankfurt a.M: Verlags- und Wirtschaftsgesellschaft der Elektrizitätswerke m.b.H. 1997, S. 3.

/34/ Vom Wirkungsgrad zur Energievernunft. Frankfurt a.M: Informationszentrale der Energiewirtschaft e.V.

/35/ Voß, A.: Energie: eine knappe Ressource? in /29/, S. 40.

/36/ Wächtler, E.: Zur Rolle der Energie in der Geschichte. Energietechnik 35 (1985) 8, S. 310-314.

/37/ Weizsäcker, E.U. von; Lovins, A.B.; Lovins, L.H.: Faktor vier. München: Droemersche Verlagsanstalt Th. Knaur Nachf. 1995.

/38/ Winter, C.-J.: Die Energie der Zukunft heißt Sonnenenergie. München: Droemersche Verlagsanstalt Th. Knaur Nachf. 1993.

/39/ Winter, C.-J.: HYTIME - It is High Time for Hydrogen. 11th World Hydrogen Energy Conference 23.-28.06.1996. Stuttgart 1996.

Abkürzungen

a	Anfangs-
a	Konstante
a	Jahr
A_{anth}	anthropogener Austrag
A_{nat}	natürlicher Austrag
Abb.	Abbildung
A, AB	Zustände der wirtschaftlichen Evolution
B, BC	Zustände der wirtschaftlichen Evolution
b	Status der Bindung
b	Konstante
BIP	Bruttoinlandsprodukt
C	Celsius
c	Konstante
C, CD	Zustände der wirtschaftlichen Evolution
cm	Zentimeter
CO_2	Kohlendioxid
D, DE	Zustände der wirtschaftlichen Evolution
D	Zustandsvariable
d	Differentialoperator
Ø	durchschnittlich
Δ	Delta
E	Zustand der wirtschaftlichen Evolution
E	Energie
E_{anth}	anthropogener Eintrag
E_{nat}	natürlicher Eintrag
e.V.	eingetragener Verein
f	Sättigungsgrad
$\mathfrak{G}$	Transformationsgegenstand
H	Enthalpie
h	Status der Halbbindung
ha	Hektar
H_o	Brennwert
H_u	Heizwert
H_2	Wasserstoffmolekül
H_2O	Wassermolekül
I	Zustandsvariable
J	Joule
K	Kelvin

K	Krümmung
kg	Kilogramm
kJ	Kilojoule
kmol	molare Masse in kg
kWh	Kilowattstunde
l	Liter
ln	natürlicher Logarithmus
m	Meter
Mio.	Million
Mrd.	Milliarde
mol	molare Masse
μ	Mikro
N	Newton
$\mathfrak{P}$	Transformationsprodukt
PS	Pferdestärke
φ	Zuwachsfunktion
S.	Seite
s.	siehe
SKE	Steinkohleneinheit (1 t SKE = 8141 kWh)
T	Transformationsmatrix
t	Tonne
t	Zeit
Umw.-Gerät	Umwandlungsgerät
Umw.-Energie	Umwandlungsenergie
u.Z.	unserer Zeitrechnung (nach Christus)
VDEW	Vereinigung der deutschen Elektrizitätswerke
verbr.	-verbrauch
VIK	Vereinigung der Industriellen Kraftwirtschaft
Vol.	Volume, Volumen
v.u.Z.	vor unserer Zeitrechnung (vor Christus)
W	Watt
W	Wendepunkt
w	Wirtschaftskraft
x	Variable
y	Funktion

Verzeichnis der Grafiken

Dieser Band enthält folgende, bisher unveröffentlichte Grafiken von Eberhard Brune, Wiek (Rügen):

Personenverzeichnis

Sachwortverzeichnis